How?

헤어 워크북

HAIR WORKBOOK HOW? - BLOWDRY&IRON

- 블로우드라이 & 아이론

구민사

〈저자 약력〉

김 슬 기 현) 서울사이버대학교 뷰티디자인과 겸임교수
서경대학교 미용예술학 박사

김 별 님 현) 서울사이버대학교 뷰티디자인과 겸임교수
서경대학교 미용예술학 박사

차 명 희 현) 서울사이버대학교 디자인대학장
동국대학교 예술공학박사

헤어 워크북 How? - 블로우 드라이 & 아이론

초판인쇄 | 2022년 2월 21일
초판발행 | 2022년 2월 28일

저 자 | 김슬기, 김별님, 차명희
발 행 인 | 조규백
발 행 처 | 도서출판 구민사
(07293) 서울시 영등포구 문래북로 116, 604호(문래동 3가 46, 트리플렉스)
전 화 | (02) 701-7421~2
팩 스 | (02) 3273-9642
홈페이지 | www.kuhminsa.co.kr
신고번호 | 제 2012-000055호(1980년 2월 4일)

I S B N | 979-11-5813-274-3(93590)
정 가 | 16,000원

PREFACE

세계는 21세기 디지털정보화 사회에서 수많은 디자인정보들과 다양한 미디어매체들을 통해서 창의적인 사고와 디지털적인 감성을 지닌 전문 디자이너를 요구하고 있습니다. 뷰티디자인은 감성시대에 주목되고 있는 분야로서 뷰티산업의 과학화를 통한 삶의 질을 향상시키고 뷰티미용산업의 전문가를 길러내는 실용학문 분야입니다.

본 저서는 뷰티 미용 산업에 입문한 미용인들의 인턴에서 디자이너까지의 단계 중 헤어스타일링을 연출하는 블로우 드라이와 아이론의 실습 과정을 담은 책입니다.

교재의 전체적인 내용은 다음과 같습니다.

Chapter 1~11까지는 본격적인 드라이와 아이론 실습에 들어가기 전 알아야 할 기초적인 이론을 정리하였습니다. Chapter 12~15까지는 블로우 드라이와 아이론의 기본에서 응용까지 실기 내용을 정리하였습니다.

미용의 기술은 일정한 규칙이 정해져 있지만 개인만이 가지고 있는 다양한 기술과 노하우들이 있습니다. 본 교재는 다양한 기구와 제품들로 헤어스타일을 어떻게(HOW to) 표현해야하는지 연출하는 방법에 대해 독자들과 함께 알아보고 연구하고자 합니다.

'헤어 워크북 How? - 블로우 드라이&아이론'은 블로우 드라이와 아이론 기술을 이용하여 빠르고 정확하게 헤어스타일을 연출이 가능합니다. 또한 이 책의 기법과 기술을 연습한 후 본인만의 기술로 승화하여 또 다른 창의적인 기법들을 만들 수 있습니다.

블로우 드라이와 아이론의 테크닉은 헤어스타일을 마무리하는데 있어서 미용의 꽃이라 표현합니다. 여러분의 아름다운 기술로 활짝 핀 꽃이 될 수 있기를 기대합니다.

국내 최고 수준의 뷰티 미용 교수진을 보유하고 있는 서울사이버대학교 뷰티디자인학 헤어전공 교수님들의 '헤어 워크북 How? - 블로우 드라이&아이론' 교재를 통해 강의를 듣는 학생들 그리고 헤어자격증 과정을 준비하는 일반인들에게 많은 도움이 되기를 희망합니다. 또한 스마트 융합시대를 맞아 세계적 흐름을 주도할 수 있는 창의적이고 진취적인 전문 미용인으로서 뷰티산업을 선도할 수 있는 지도적 주체가 되기를 희망합니다.

마지막으로 본 교재의 출판을 위해 노력해주신 구민사 조규백 대표님과 모든 분들께 감사의 마음을 전합니다.

감사합니다.

2022년 2월

저자 일동

CONTENTS

3 두상의 이해

4 얼굴형에 따른 헤어스타일

CONTENTS

CONTENTS

1 CHAPTER

헤어스타일이란

Blow Dry & Iron Hair Workbook

H o w ?

1) 헤어스타일이란

• 여러분은 헤어스타일을 왜 하나요?

• 헤어를 꾸미는 이유는 무엇입니까?

• 언제, 헤어를 꾸미나요?

• 자기한테 어떠한 헤어스타일이 멋있다고 생각하나요?

• 헤어스타일이란 무엇입니까?

• 헤어스타일은 시대, 민족, 개인에 따라 다양하다.
• 계급이나 성별을 나타내는 중요한 포인트이며 현대는 의복을 넘어서 패션의 중심이다.

헤어스타일 = HAIR STYLE = HAIR DO

업스타일 = UP STYLE = UP DO

2) 살롱의 현황

① 일반 미용실

동네에서 흔히 볼 수 있으며, 소규모의 미용실로, 저렴한 가격으로의 마케팅

② 프랜차이즈 미용실

프랜차이저(Franchiser)의 상호, 상표, 경험, 마케팅 기술 등을 바탕으로 상품화를 위한 제반지식이나 정보에 관한 특권이나 특허를 프랜차이지(Franchisee)에게 계약으로 부여하는 계약제도

③ 직영 미용실

프랜차이즈가 아니지만 본사에서 직영으로 운영하는 대형 브랜드 미용실

④ 프리미엄 미용실

프리미엄(Premium)이란 '아주 높은, 고급의'라는 뜻을 가지며 고급형 토탈뷰티살롱(Total Beauty Salon)이라고 하며, '프리미엄 미용실'이라고 정의한다.

⑤ 전문분야 미용실

고객이 필요로 하는 미용서비스를 더 효과적으로 받을 수 있도록 세분화되며 전문 분야 미용실이 나타나는 실정이다.

3) 인턴에서 디자이너까지

• 프리미엄 미용실 기준 인턴에서 디자이너까지 5~6년

구분	한국어	영문	비고
캐스트	헬퍼	Helper	
	어시스턴트	Assistant	
	주니어	Junior	
	인턴	Intern	
	인턴 스타일리스트	Intern Stylist	
디자이너	선생님	Stylist	디자이너를 통칭하여 Hair Stylist라고 호칭하는 것이 옳은 표현임
	팀장	Top Stylist	
	실장	Senior Top Stylist	
	부원장	Art Director	
	이사	Senior Art Director	
	교육이사	Educational Art Director	
원장	원장	International Art Director	
	지점원장	Branch Manager	
	대표	CEO	

4) 인턴에서 디자이너까지 단계별 과정

• 프랜차이즈 미용실 기준 인턴에서 디자이너까지 2~3년

(1) 인턴 1단계(0~6개월)

• 주 업무: 서비스, 접객, 샴푸, 약도포, 퍼머와인딩
• 준비물: 긴 통가발 2개(20인치 이상), 매직기, 필기도구

과정	업무	준비물	과제
1개월 과정	미용인 서비스 마음가짐 샴푸 점검		복습 2회(필수)
	샴푸 점검, 약도포 테크닉	필기도구, 긴 머리 가발, 염색물 브러시	복습 2회(필수)
2개월 과정	베이직 가로 와인딩	필기도구, 단발가발, 롯드 5~8호	복습 2회(필수)
	베이직 세로 와인딩	필기도구, 긴 머리 가발, 롯드 4~6호	복습 2회(필수)
3개월 과정	열펌이론, 디지털퍼머+세팅퍼머	필기도구, 긴 가발, 중간 가발, 디지털 20-12호, 세팅 20호	복습 2회(필수)
	열펌이론, 긴 머리 볼륨매직	필기도구, 중간 가발, 매직기	복습 2회(필수)
4개월 과정	트위스트 퍼머	필기도구, 긴 가발(20인치), 롯드 4~7호	복습 2회(필수)
	열펌이론, 단발 볼륨매직	필기도구, 긴 가발(20인치), 매직기	복습 2회(필수)
5개월 과정	남자 기본 퍼머 전체 와인딩	필기도구, 남자 긴 가발 롯드 6~8호	복습 2회(필수)
	남자 퍼머 핀컬 와인딩	필기도구, 남자 긴 가발 핀컬 70개	복습 2회(필수)
6개월차 테스트	트위스트 퍼머/가로, 세로 혼합 퍼머/볼륨매직 중에 1과목		

(2) 인턴 2단계(6개월~1년)

- 주 업무: 응용 퍼머, 뿌리 퍼머, 기본 드라이, S컬 드라이
- 준비물: 긴 통가발 2개(20인치 이상), 짧은 가발 1개, 소롤, 중롤

과정	업무	준비물	과제
1개월 과정	남자 스타일링	필기도구, 남자 긴 가발, 짧은 가발, 매직기	복습 2회(필수)
	뿌리 일반퍼머	필기도구, 긴 머리 가발 5~7호	복습 2회(필수)
2개월 과정	아웃퍼머, 남자 호일 퍼머	필기도구, 긴 가발, 남자가발, 롯드 3호, 호일	복습 2회(필수)
	단발 롤스트레이트	필기도구, 중간 긴 가발, 중롤~소롤	복습 2회(필수)
3개월 과정	핸드 드라이, 스트레이트 롤드라이	필기도구, 긴 가발, 대롤	복습 2회(필수)
	C컬 드라이	필기도구, 중간 가발, 중롤	복습 2회(필수)
4개월 과정	S컬 드라이 포워드	필기도구, 긴 가발, 소롤	복습 2회(필수)
	S컬 드라이 리버스	필기도구, 긴 가발, 소롤	복습 2회(필수)
5개월 과정	S컬 드라이 물결 매직기	필기도구, 긴 가발, 매직기	복습 2회(필수)
	S컬 드라이 응용 아이론	필기도구, 긴 가발, 아이론	복습 2회(필수)
6개월차 테스트	S컬 롤 드라이/S컬 아이론 드라이/ 물결 드라이 중에 1과목		

(3) 인턴 3단계(1년~1년 6개월)

- 주 업무: 응용 드라이, 기본 업스타일, 커트 준비
- 준비물: 긴 통가발 2개(20인치 이상), 헤어 단발가발, 소롤, 중롤, 아이론, 볼륨 매직기, 매직기, 가위

과정	업무	준비물	과제
1개월 과정	S컬 웨이브 아이론	필기도구, 긴 가발, 아이론	복습 2회(필수)
	리지 롤 드라이	필기도구, 긴 머리 가발, 소롤	복습 2회(필수)
2개월 과정	어머님 드라이	필기도구, 중간 가발, 중롤~소롤	복습 2회(필수)
	아이론 퍼머	필기도구, 긴 가발, 아이론 매직기	복습 2회(필수)
3개월 과정	기본 업스타일	필기도구, 긴 가발 브러시, 매직기	복습 2회(필수)
	아웃컬 롤 드라이	필기도구, 긴 가발, 중롤	복습 2회(필수)
4개월 과정	연예인 사진보고 스타일 연출	필기도구, 중간 가발, 긴 가발 매직기, 아이론, 롤	복습 2회(필수)
	연예인 사진보고 스타일 연출	필기도구, 중간 가발, 긴 가발, 매직기, 아이론, 롤	복습 2회(필수)
5개월 과정	도해도, 커트용어, 바디 포지션, 가위 연습	필기도구, 4색 볼펜, 가위	복습 2회(필수)
	바디 포지션, 긴 머리 원랭스 커트	필기도구, 긴 가발, 커트도구, 롤	복습 2회(필수)
6개월차 테스트	사진보고 스타일 연출		

(4) 인턴 4단계(1년 6개월~2년)

- 주 업무: 도해도, 베이직 커트, 커트 자세, 응용 커트
- 준비물: 긴 통가발(연습가발 포함) 5개(20인치 이상), 가위, 클리퍼

과정	업무	준비물	과제
1개월 과정	바디 포지션, 긴 머리 원랭스 커트	필기도구, 긴 가발 커트도구, 롤	복습 2회(필수)
	중간 긴 머리 원랭스 커트	필기도구, 긴 가발 커트도구, 롤	복습 2회(필수)
2개월 과정	Elevation 각도 찾기 커트	필기도구, 긴 가발 커트도구, 롤	복습 2회(필수)
	Overdirection 위치 찾기 커트	필기도구, 긴 가발 커트도구, 롤	복습 2회(필수)
3개월 과정	긴 머리 레이어드 커트	필기도구, 긴 가발, 커트도구, 롤	복습 2회(필수)
	중간머리 레이어드 커트	필기도구, 긴 가발 커트도구, 롤	복습 2회(필수)
4개월 과정	긴 머리 디자인 커트	필기도구, 긴 가발 커트도구, 롤	복습 2회(필수)
	중간 머리 디자인 커트	필기도구, 긴 가발 커트도구, 롤	복습 2회(필수)
5개월 과정	짧은 머리 디자인 커트	필기도구, 중간 가발 커트도구, 롤	복습 2회(필수)
	남자 짧은 머리 디자인 커트	필기도구, 긴 가발 커트도구, 롤	복습 2회(필수)
6개월차 테스트	사진 보고 커트 후 스타일 연출		

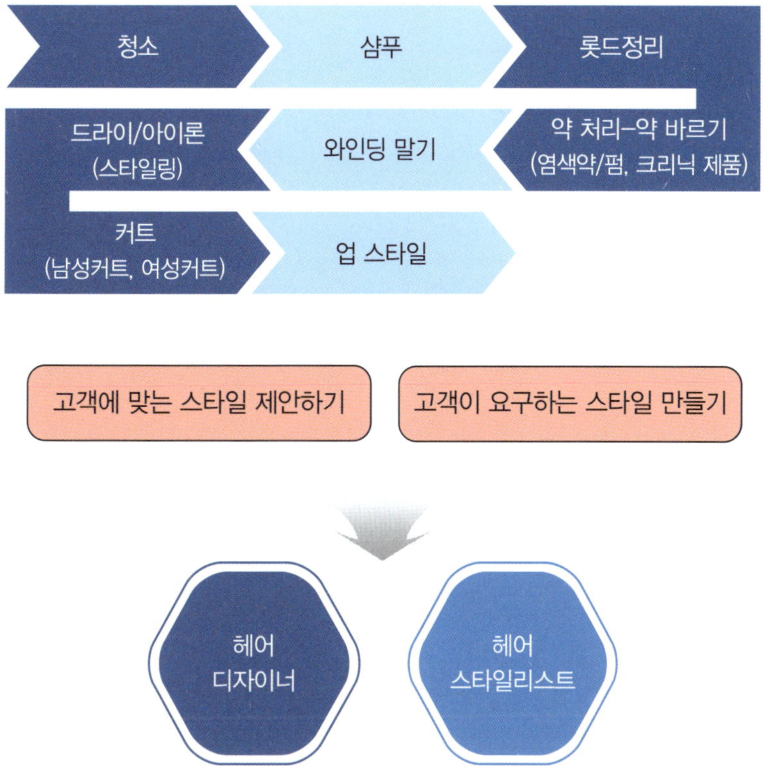

[인턴에서 디자이너까지 단계별 습득과정]

[실습] : 인턴의 해야 할 일을 적어보세요.

① 인턴 1단계

② 인턴 2단계

③ 인턴 3단계

④ 인턴 4단계

서비스
퍼머넌트 와인딩
아이론
도해도
기본 커트
남성 커트
청소
업스타일
롯드 정리
샴푸
약 도포
여성 커트
접객
뿌리 퍼머
블로우 드라이
헤어스타일링
기본 드라이
응용 드라이

MEMO

2 CHAPTER

모발의 이해

Blow Dry & Iron Hair Workbook

H o w ?

1) 모발의 구조

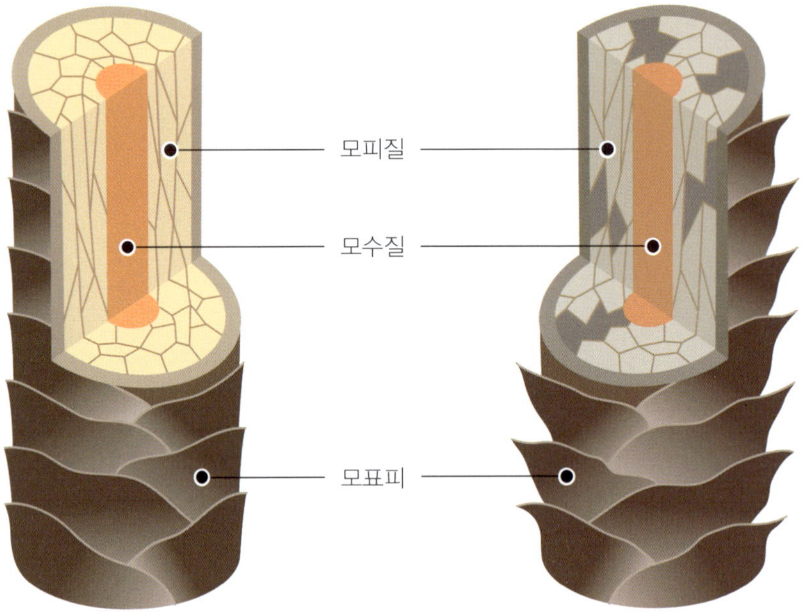

① 모표피

모발 내부를 감싸고 있는 화학적 저항성이 강한 층. 색깔이 없는 투명층이며, 전체 모발의 10~15%를 차지하며 두꺼울수록 단단하고 저항성이 높다.

② 모피질

피질세포(케라틴)와 세포와 결합물질(펩티드)로 구성되어 있다.
멜라닌 색소를 함유하고 물과 쉽게 친화하는 친수성으로 펌, 염색 시 모피질을 활용한다.
모피질은 탄력, 강도, 감촉, 질감 ,색상을 좌우하며 모발의 성질을 나타낸다.

③ 모수질

굵은 모발은 수질이 있으나 가는 모발은 수질이 없는 것도 있다.
일반적으로 모수질이 많은 모발은 웨이브 펌이 잘 되고, 모수질이 적은 모발은 웨이브 형성이 잘 안 되는 경향이 있다.

2) 모구의 구조

진피결합조직

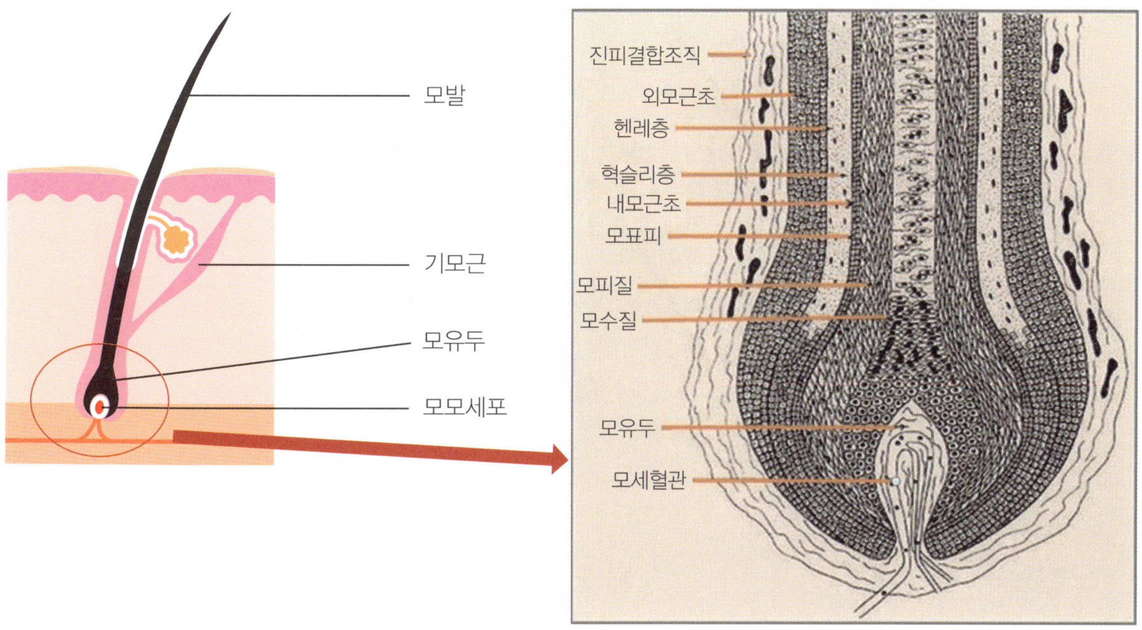

① 모유두란?

② 모모세포란?

- 모발 성장을 위해 영양분을 공급해 주는 혈관과 신경이 몰려 있음
- 모발의 기원이 되는 세포

3) 모발의 주기

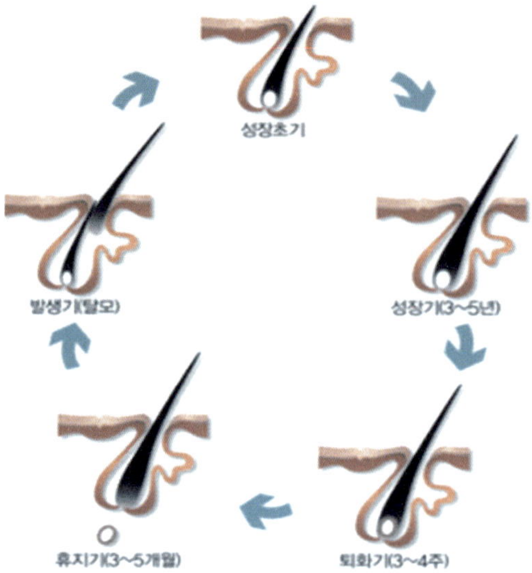

모발은 [　　] [　　] [　　] 를 반복한다.

- 보통 하루에 0.3~0.5mm(수염 0.38mm, 음모 0.2mm, 겨드랑이 털 0.23mm) 하루 중 낮보다 밤에 더 자라며 가을 · 겨울보다 봄 · 여름에 성장이 빠르다.

- 1년 중에 5~6월에 가장 많이 자라며 15~30세의 연령의 여성에게 특히 성장 속도가 빠르며 65세 이상이 되면 완만한 성장이 이루어진다.

4) 모발의 기능

① 보호의 기능

② 배출의 기능

③ 감각전달의 기능

④ 장식적 의미의 기능

5) 머릿결의 분석

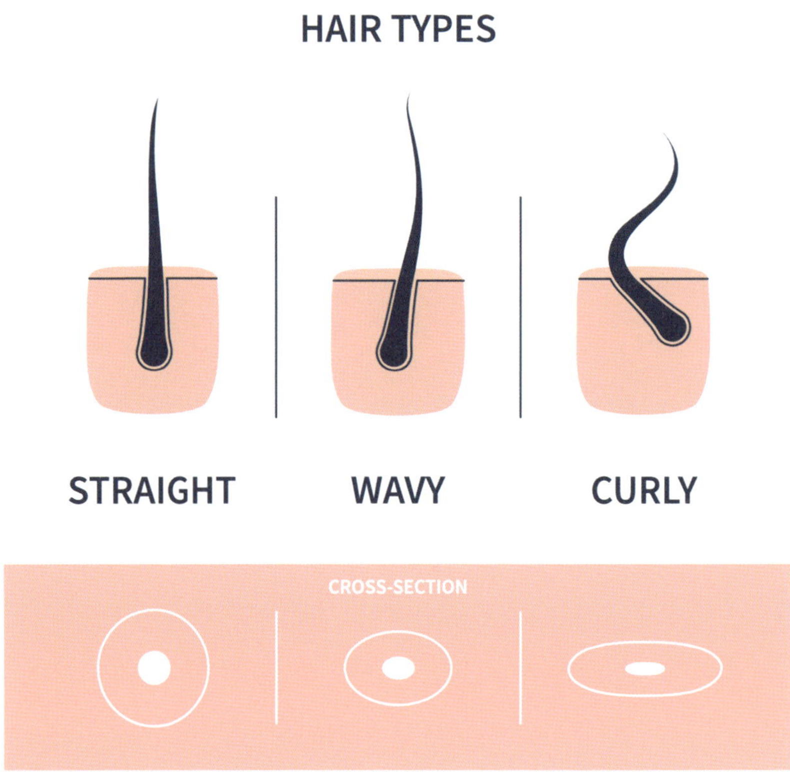

(1) 직모(straight hair)

- 웨이브가 거의 없이 직선으로 자라 나온 모발이며 대부분 동양인에서 볼 수 있다. 모발이 직모라도 음모와 액모는 파상모 또는 축모일 수 있다.

(2) 파상모(wave hair)

- 굵은 웨이브가 있는 모발로 주로 백인에게서 볼 수 있다.
- 모발의 단면이 타원형에 가깝다.

(3) 축모(curly hair)

- 심한 곱슬머리로 흑인들에게 많고 모발의 단면이 편평한 형태에 가깝다.

MEMO

3 CHAPTER

두상의 이해

Blow Dry & Iron

Hair Workbook

H o w ?

1) 두상의 포인트

• 두상의 포인트를 알아볼까요?

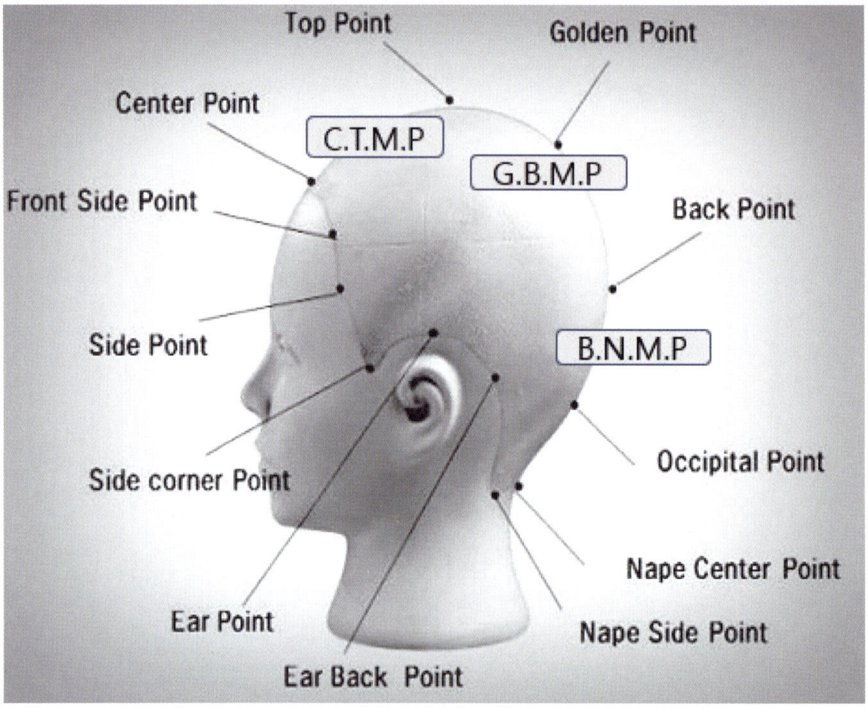

• 두상의 포인트를 적어봅시다.

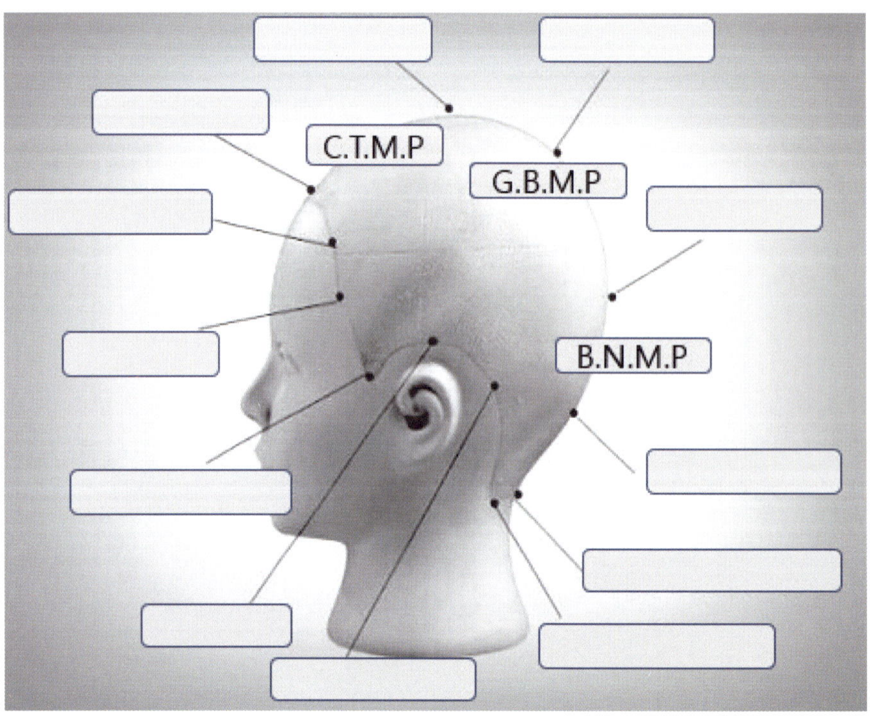

2) 블로킹

• 정확한 작업을 위해 두상을 큰 구역으로 나누는 것

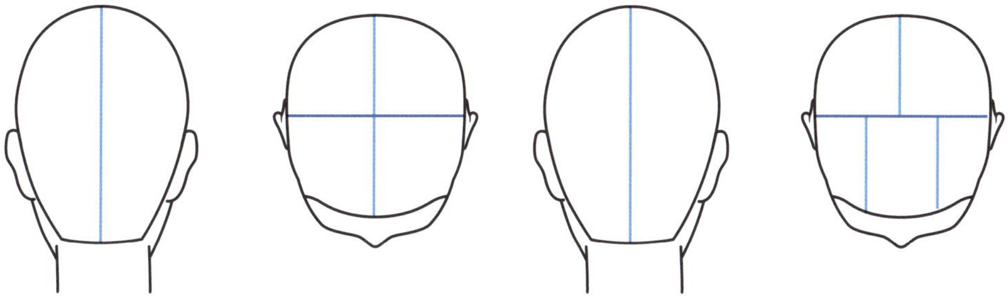

4등분 블로킹

5등분 블로킹

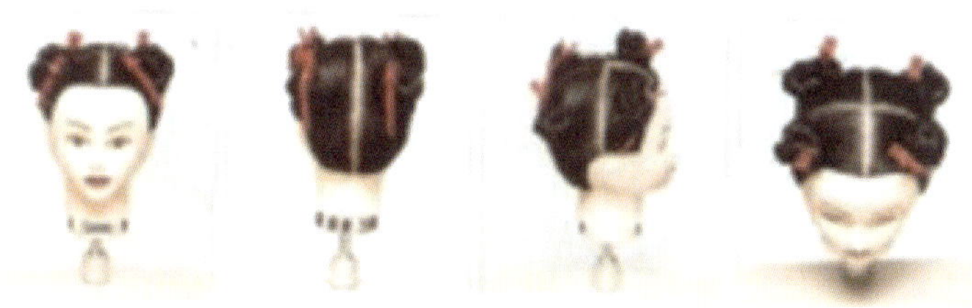

4등분 블로킹

① C.P – T.P – N.C.P

② T.P – 양쪽 E.P

• 시간을 절약하기 위해 헤어핀셋 & 롤 브러시의 끝 부분을 이용하여 나눈다.

3) 섹션

- 섹션은 잘라낸 부분이라는 뜻으로, 두상의 파트보다 작은 단위로 나눈 것이다.
- 정확하고 세밀한 시술을 진행하기 위해 섹션의 간격과 위치가 중요하다.

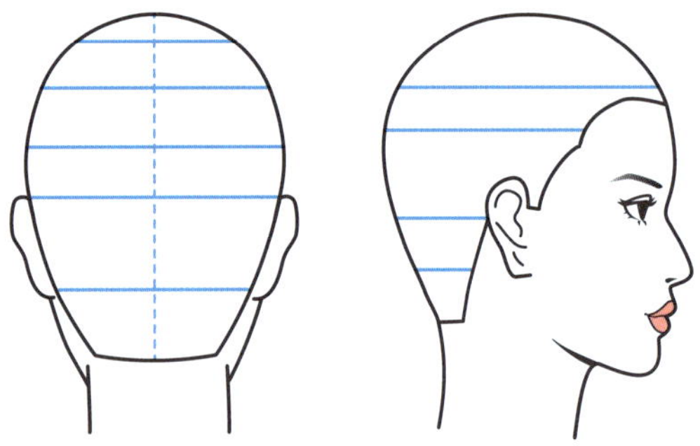

수평 섹션(Horizontal Saction)

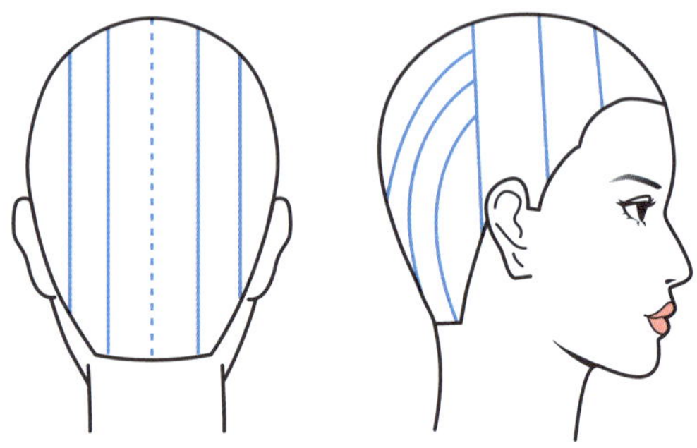

수직 섹션(Veltical Saction)

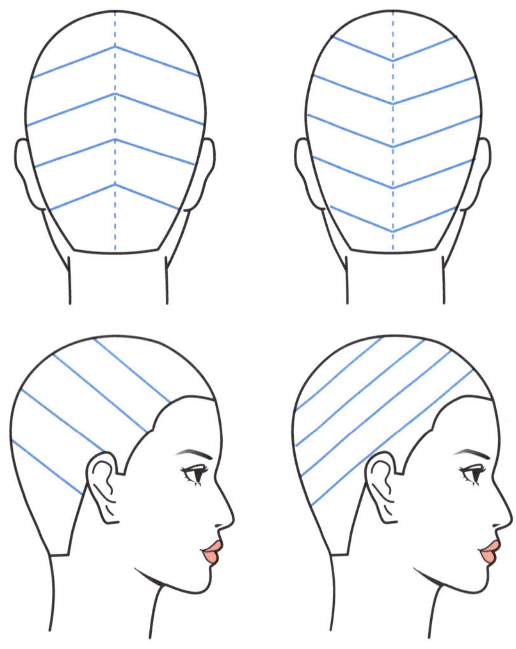

사선 섹션(Daigonal Saction)

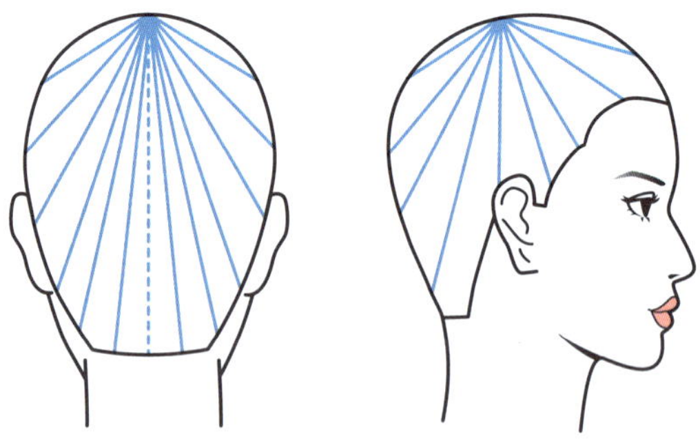

방사선 섹션(Pivot Saction)

MEMO

4 CHAPTER

얼굴형에 따른 헤어스타일

Blow Dry & Iron

Hair Workbook

H o w ?

1) 계란형

특징 : 이상적인 얼굴형, 황금비율

어울리는 헤어스타일 : 여러 헤어스타일을 모두 가능(포니테일, 똥머리)

2) 둥근형

특징 : 가로길이에 비해 세로길이가 짧은 형, 동안으로 어려보임
한쪽머리는 귀에 꽂고 한쪽은 살짝 보이게 한다면 착시효과로
갸름한 계란형 얼굴처럼 보일 수 있다.

어울리는 헤어스타일 : 정수리 부분에 볼륨을 주고 양 사이드에 볼륨을 감소

3) 긴계란형

특징 :

어울리는 헤어스타일 :

4) 네모난형

특징 :

어울리는 헤어스타일 :

5) 역삼각형

특징 :

어울리는 헤어스타일 :

6) 마름모형

특징 :

어울리는 헤어스타일 :

MEMO

- C컬(인컬, 아웃컬), S컬(인컬, 아웃컬), 섞어말기, 혼합하기
  두상구조와 얼굴형에 따른 볼륨을 만들어야 할 부분 찾기
- 얼굴형에 볼륨을 만드는 곳이 모두 다르다.

5 CHAPTER

블로우 드라이의 준비

Blow Dry & Iron

Hair Workbook

H o w ?

1) 드라이의 준비물

블로우 드라이 시술에 필요한 준비는 무엇이 있을까요?

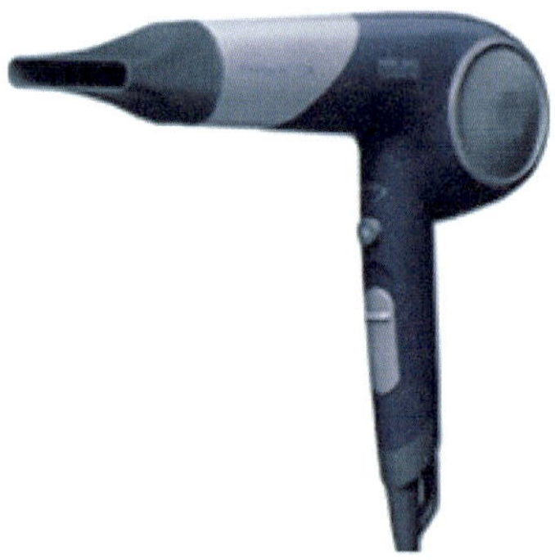

블로우 드라이기

분무기

헤어 핀셋

롤 브러쉬

가시 롤 (시아기 롤)

돈모 롤 브러쉬

그 외에 필요한 준비물은 무엇이 있을까요?

MEMO

2) 블로우 드라이 기구의 명칭

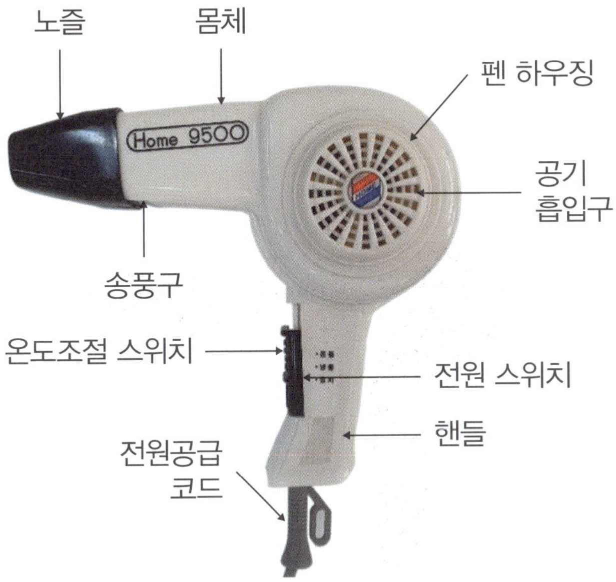

• 드라이 기기의 종류에 따라 급 냉풍 버튼이 있고 없을 수 있다.

• 드라이 시술을 하기 위해서는 노즐과 몸체가 가장 중요하다.

(1) 디퓨저(Diffuser)

디퓨져의 역할은 무엇일까?

3) 블로우 드라이 정의 및 원리

(1) 블로우 드라이의 정의

- 열풍, 미풍, 냉풍을 이용하여 일시적으로 모발의 구조를 변화하여 헤어스타일링하는 방법
- 드라이기로 머리를 매만지다.

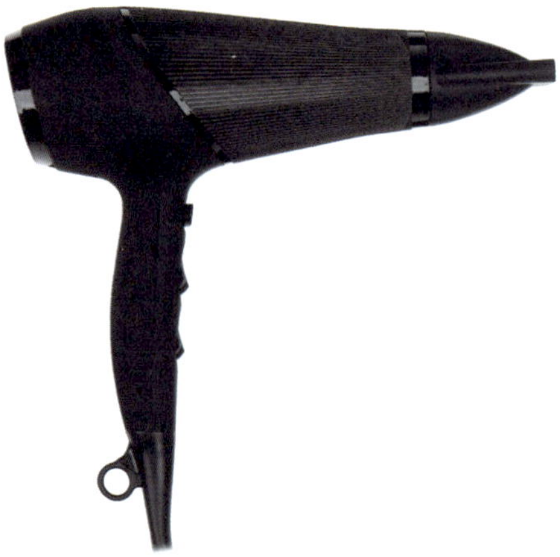

(2) 블로우 드라이의 원리

모발에 수분을 증발시켜 수소결합으로 모발을 끊어놓고 건조하여 재결합으로 새로운 형태를 만들어서 고정

水素　　　　酸素

$$H + O_2 = H_2O$$ 水

4) 블로우 드라이의 역사

고드프루아가 머리 치장용 스타일링 도구를 제공하다.

1890년대 미용실은 오로지 부유한 여성들을 위한 장소였다. 프랑스인 헤어드레서 알렉상드르 고드프루아는 1890년대 자신의 미용실에 최초의 블로우 드라이 헤어 드라이어를 설치하였다. 그의 드라이어는 굴뚝(가스레인지에 고정됨)에 부착된 보닛의 형태로 구성되었다. 고드프루아의 드라이어는 샴푸 광고처럼 머리를 찰랑거리게 해주었다. 그의 드라이어는 각 머리카락의 일시적인 수소 결합 형성을 가속화시켜 머리 스타일과 모양을 스타일링하기 쉽게 만들어주었다.

"머리 스타일은 자신의 이미지를 표현하는 방법이다.
즉, 머리는 자신의 허영심을 만족시키는 부위이다."
샤나 알렉산더, 저널리스트

① 1960년대 중반 보급된 미용기술로 프랑스에서 시작

② 영국의 비달사순에 의해 인기를 얻기 시작

- 여성들의 사회진출로 쉽고 빠르게 머리 손질과 자연스런 방법을 추구
- 시간 절약에 따른 경제적 이유
  - 우리나라에서는 1970년대부터 드라이기기가 보급화되기 시작.

사진출처 – 영국의 비달사순

6 CHAPTER

아이론의 준비

Blow Dry & Iron
Hair Workbook
How?

1) 아이론의 종류

(1) 일반 아이론

플랫 아이론

반원(볼륨)아이론

다이렉트 아이론

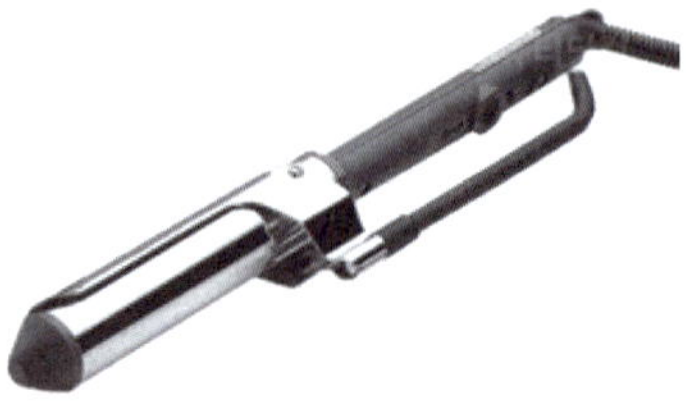

• 25mm
• 30mm
• 38mm

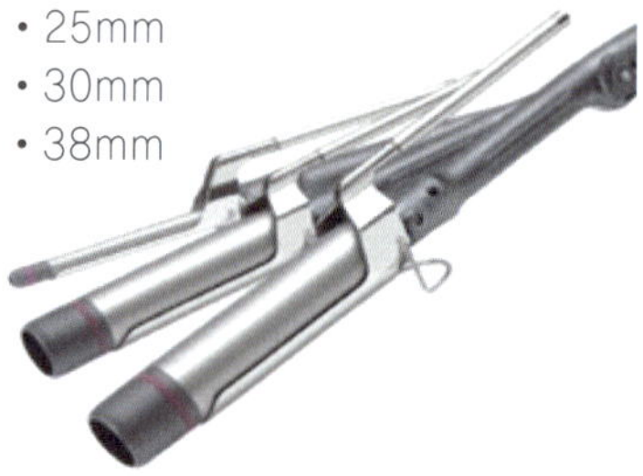

컬링(원형) 아이론

사진 출처 – 그리에이트(CREATE)
예스뷰티(YESBEAUTY)

• 일반적으로 살롱에서는 위의 아이론을 사용하여 헤어스타일링을 시술한다.

(2) 기능성 아이론

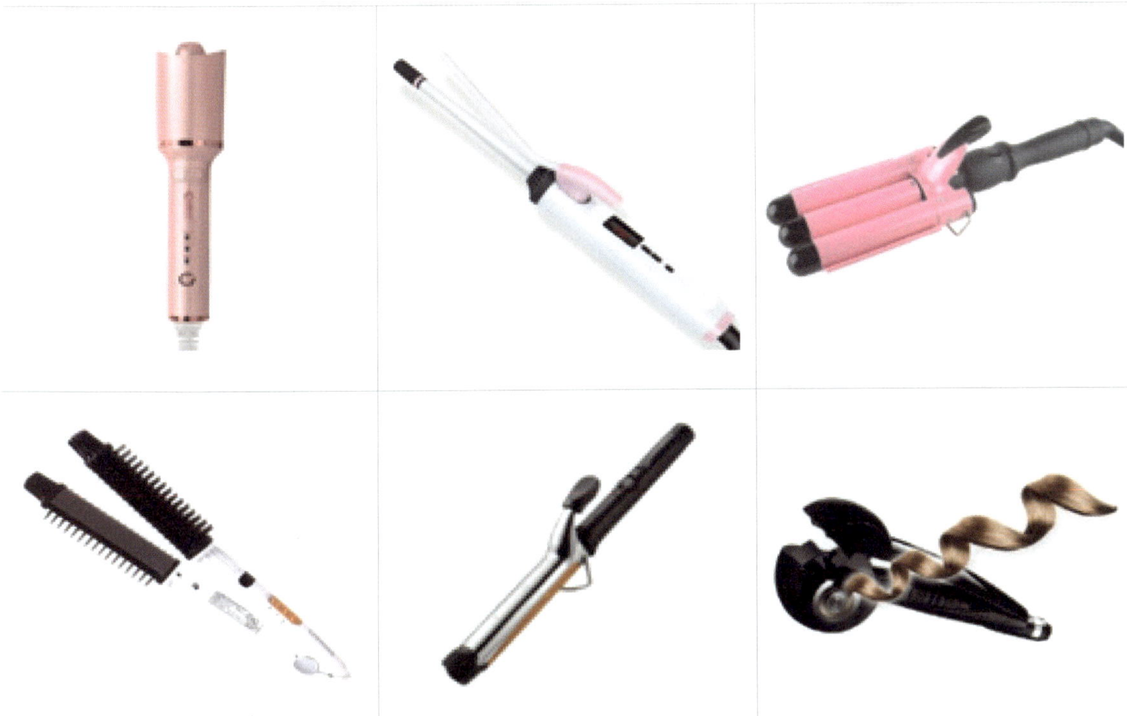

기능성 아이론

사진 출처 – 네이버

• 다양한 기능과 소비자가 셀프로 편리하게 시술할 수 있는 기능성 아이론이다.

2) 아이론의 정의 및 원리

(1) 아이론의 정의

• 철, 쇠라는 (사전적 의미) 단단하고 강한 것, 철제기구를 뜻한다.

(IRON MAN)

(2) 아이론의 원리

일시적으로 헤어스타일링을 하기 위한 기본적인 기술이며, 고열을 이용해 모발의 모표피를 압착시켜 윤지를 최대화 시키며 수소결합과 염결합의 원리를 이용해 스타일의 형태를 보완하거나 새로운 형태로 연출할 수 있는 작업이다.

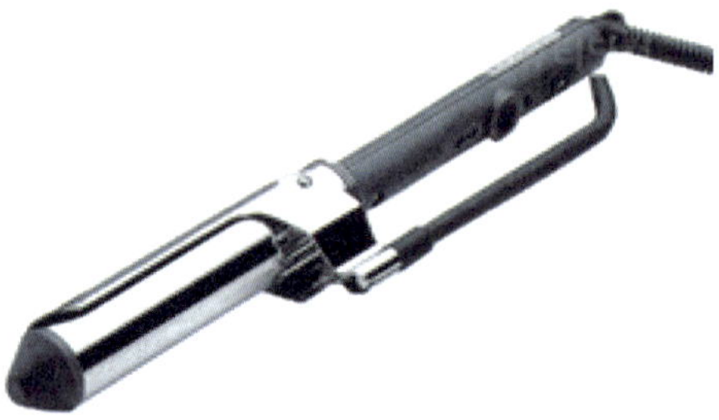

사진 출처 – 그리에이트(CREATE)
예스뷰티(YESBEAUTY)

3) 아이론의 역사

- 1500년대: 한 개의 둥그런 막대에 머리카락을 돌돌 말아서 컬을 만들었다.
- 1875년: 프랑스의 마셀 그라또우/마샬 그라드가 '마셀 아이론과 그 사용법'을 발표한 것으로 시작
  Marcel Grateau
- 1925년: 전기 아이론이 발명되어 가열, 단열 등의 온도 조절로 사용범위가 확대
- 현대: 찰스 네슬러에 의해 정착되었는데 웨이브를 영구적으로 지속시킬 수 있는 방법으로 모발에 붕산을 바른 다음 금속성 원형 롤러를 이용하여 와인딩하고 열을 가하여 웨이브를 내는 임상 실험에 성공

오늘날의 아이론의 근원이 되었다.

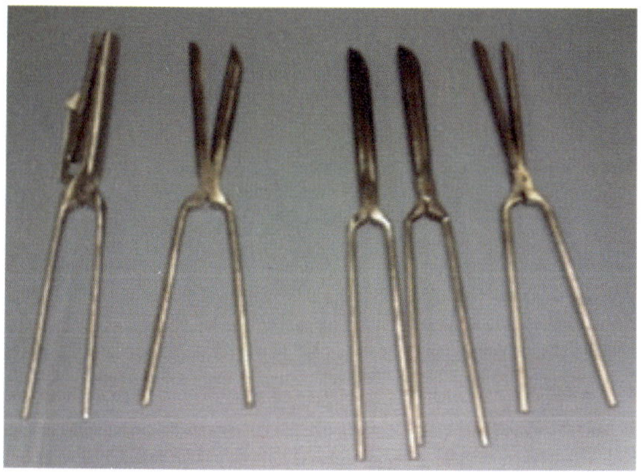

MARCEL IRON

Marcel Grateau

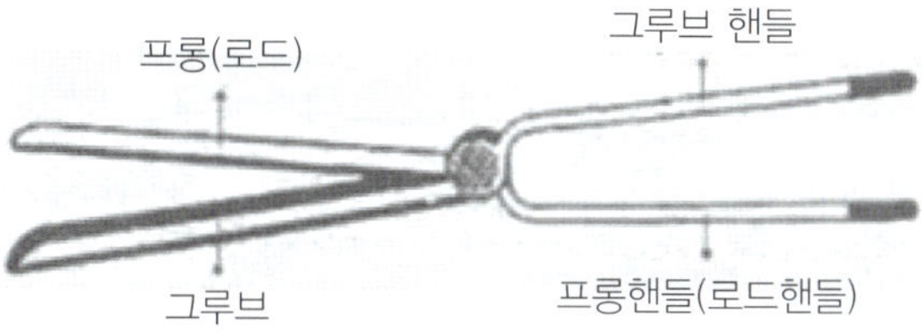

아이론의 명칭

사진 출처 – Pinterest(Marcel Grateau)

Charles Nessler

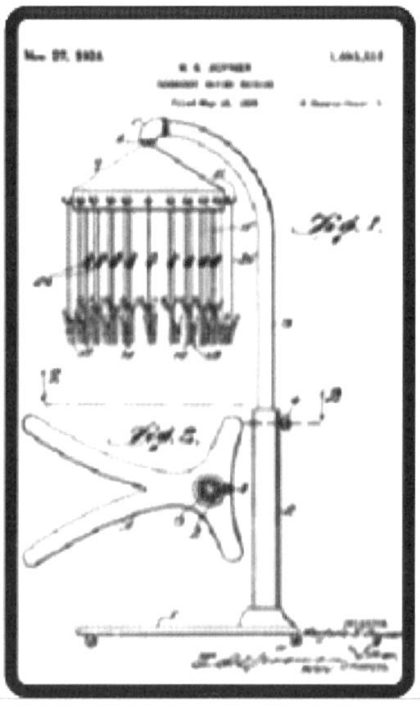

네슬러가 사용한 파마 기계

- 그림에 막대기들이 둥그렇게 내려와 있는 것들이 보이는데 머리에 수산화 나트륨(알칼리성. 그래서 알칼리 성분이 있는 소의 오줌도 파마약으로 사용되었다.)을 바르고 머리를 저 막대기들에 둘둘 감았다.
- 기계의 특성상 머리가 긴 사람들만 할 수 있었다.
- 막대기들을 전기로 가열하였는데 그 온도가 무려 100도 전후
- 파마하는 데 걸렸던 시간은 6시간 정도

사진 출처 - Pinterest(Charles Nessler)

MEMO

7 CHAPTER

웨이브의 역사

Blow Dry & Iron
Hair Workbook
H o w ?

1) 서양 웨이브의 역사

① 마셀그라또우(1875)

불에 달궈진 아이론과 빗을 이용해 S자 웨이브 탄생

② 찰스네슬러(1905)

핫 퍼머넌트를 개발. 컬링기와 롯드를 이용한 시술방식 도입

③ 조셉메이어(1925)

스파이럴 컬러에 모발을 와인딩

④ 스피그만(1936)

40도 실온에서 웨이브를 얻는데 성공. 콜드 퍼머넌트 웨이브

⑤ 맥도우(1941)

티오글리콜산을 제조. 현재 가장 많이 사용함

MEMO

2) 우리나라 웨이브의 역사

1933년	1930~40년	1950~60년	1970~80년	1990~2000년

사진 출처 – 네이버

① 1933년

우리나라 최초의 미용실, 오엽주 선생님의 화신 미용실, 1호 미용사 국가자격취득

② 1930-40년

1930년대 여성들에게 퍼머넌트가 유행. 부유층의 중심으로 유행

사치품 금지법에 의해 퍼머넌트가 금지되기도 하였다.

③ 1950-60년

전기가 부족해 숯을 얹어 머리에 열을 가하는 '숯 퍼머'가 등장

수리부위를 최대한 부풀린 스타일이 유행하였다.

(故) 육영수 여사 헤어스타일

④ 1970-80년

바람머리가 유행. 여성이 사회진출로 활발하며 퍼머넌트의 전성기 시대이다.

⑤ 1990-2000년

1999년 매직 스트레이트의 긴 머리 혁명

자신만의 원하는 다양한 헤어스타일을 연출

MEMO

8 CHAPTER

블로우 드라이와 아이론

Blow Dry & Iron

Hair Workbook

H o w ?

1) 블로우 드라이와 아이론 헤어스타일

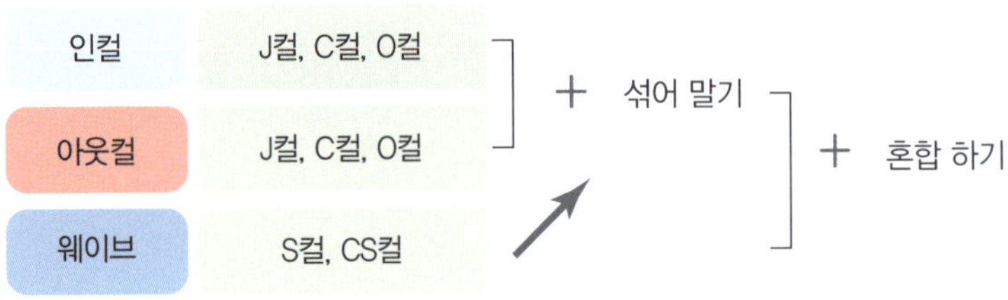

헤어스타일은 크게 안으로 컬을 만드는 인컬, 밖으로 컬을 만드는 아웃컬과 웨이브 S컬로 볼 수 있다. 블로우 드라이와 아이론의 요소와 함께 기술로 컬의 강함과 약함, 크기와 굵기를 조절할 수 있다. 이러한 기술들을 서로 교차하고 섞어말고 여러 가지를 혼합하여 다양한 헤어스타일을 연출할 수 있다.

기술이란 하루아침에 만들어지는 것이 아니다.
배움을 통해 방법을 터득하고 반복되는 연습을 하다보면 자기만의 노하우를 만들어 나갈 때 그 기술을 본인의 기술이라 하겠다.
다양한 기술을 가지고 아름다움을 만드는 예술로 만들기 바라며 정리한다.

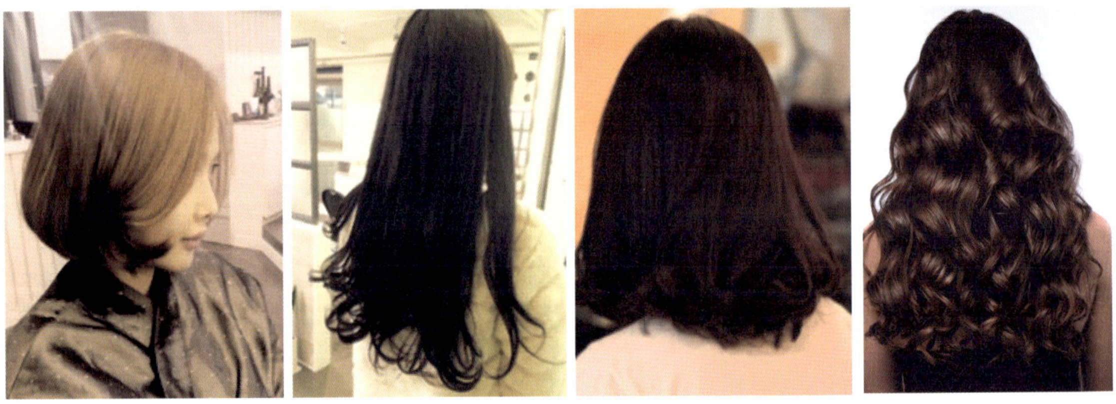

다양한 헤어스타일 연출

2) 블로우 드라이의 장점과 단점

① 장점

- 모발을 빠른 시간에 건조
- 방향전환, (모근 방향, 모류의 방향)
- 열에 의해 컬의 크기 조절(강함, 약함을 조절)
- 볼륨감 형성에 용이
- 두상 형태의 보완
- 수분으로 수정이 가수분으로 수정이 가능

② 단점

- 모발의 손상
- 다양한 기술이 필요
- 드라이의 열을 다루기 때문에 조심

3) 아이론의 장점과 단점

① 장점

- 고열로 장시간 스타일 유지
- 다양한 헤어스타일 연출이 가능
- 아이론 퍼머넌트, 열펌이 가능
- 볼륨감 형성에 용이
- 두상 형태의 보완

② 단점

- 모발의 손상
- 다양한 기술이 필요
- 드라이의 열을 다루기 때문에 조심
- 잘못된 시술을 처음부터 다시 시작(*수분을 주고 드라이부터)

블로우 드라이의 장점과 아이론의 단점에 대해 서술하세요.

MEMO

MEMO

9 CHAPTER

블로우 드라이와 아이론의 요소

Blow Dry & Iron
Hair Workbook
How?

1) 블로우 드라이의 요소

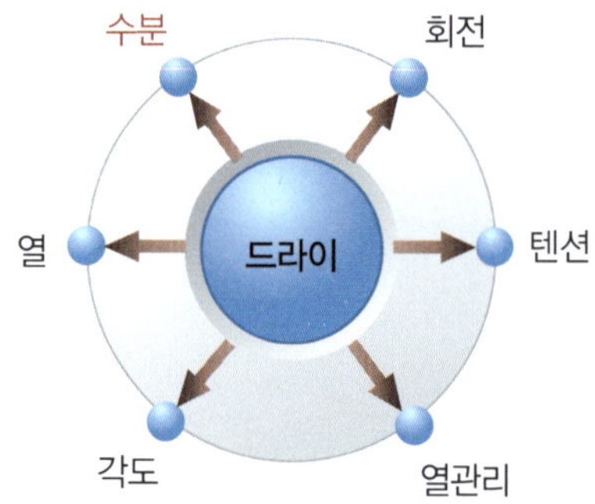

① 수분

- 수소결합을 하기 위해 필수
- 드라이에 필요한 수분은 전체 수분량의 약 40%가 필요
- 손상모는 약 40%, 건강모는 약 20%의 수분이 필요
- 윤기를 부여하고 강한 컬을 원할수록 많은 양의 수분이 필요
- 수분 조절을 하기 위해 샴푸 후, 타월 드라이부터 수분을 조절하기 시작

② 열

- 열은 수분을 없애기 위한 필요
- 과열로 인한 잘못된 시술이 많음
- 건강모일수록 열이 많이 필요하고 손상모일수록 적은 열이 필요
- 강한 컬과 자연스러운 컬을 열로 조절

③ 각도

- 볼륨을 줄때에 두상 각도로 한다.
- 최고 볼륨 각도 120도, 중간 볼륨 각도 90도, 최저 볼륨 각도 45도
- 컬을 만드는 각도는 자연각도로 한다.
- 각도의 변화로 볼륨의 크기과 컬의 강약을 조절

④ 회전

- 회전은 롤의 회전을 말한다.
- 회전량을 조절하면 볼륨의 크기를 조절할 수 있다.
- 최고 강한 C컬은 1½바퀴. 최고 강한 S컬은 2½바퀴

⑤ 텐션

- 텐션으로 컬을 강하게 만들 수 있다.
- 텐션은 롤 위에 모발이 같은 텐션으로 유지 되는 것
- 곱슬머리나 웨이브가 강한 모발 일수록 텐션이 필요
- 모발과 롤의 잡아당겨지는 텐션
- 힘을 많이 주는 것이 아니다.

⑥ 열관리(열처리)

- 유지력을 높이기 위해 열관리가 필수
- 1차 열관리(상온에서 중온) 2차 열관리(중온에서 저온)
- 열관리를 이용하여 컬의 방향과 길이조절, 컬의 강약, 굵기 등을 조절할 수 있다.

2) 아이론의 요소

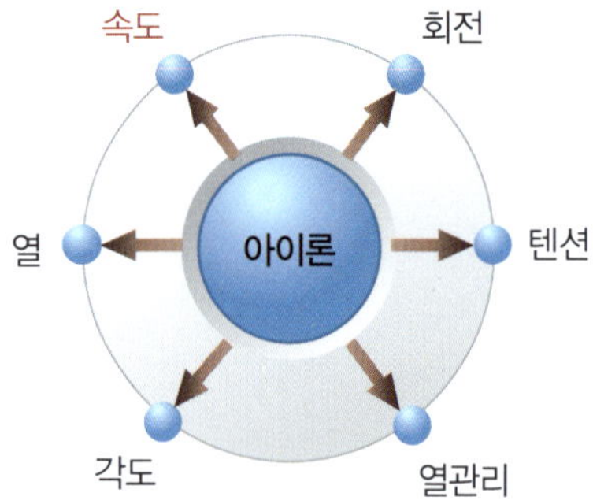

① 속도

- 아이론의 진행 시간을 의미
- 아이론의 진행 속도 조절 = 컬의 강약, 컬의 크기
- 속도는 회전과 비례

② 열

- 강한 열로 수소결합을 빠리게 진행
- 아이론의 열은 고열로 일정한 온도가 유지
- 한번 잘못된 시술은 물을 다시 뿌려야 함
- 반복된 시술은 모발 손상의 원인
- 아이론은 모발의 내부 수분을 이용한다.

③ 회전

- 아이론의 회전을 말한다.
- 아이론의 회전은 보통 ¼, ½, ¾, 1바퀴, 2바퀴
- 회전이 작을수록 스트레이트, 클수록 강한 S컬
- 회전과 속도는 비례관계

④ 각도

- 볼륨을 줄때에 두상 각도로 한다.
- 최고 볼륨 각도 120도, 중간 볼륨 각도 90도, 최저 볼륨 각도 45도
- 컬을 만드는 각도는 자연각도로 한다.
- 각도의 변화로 볼륨의 크기과 컬의 강약을 조절

⑤ 텐션

- 너무 많은 텐션은 모발손상
- 아이론 안에 있는 모발이 같은 텐션일 때 최적

⑥ 열관리(열처리)

- 유지력을 높이기 위해 열관리가 필수
- 1차 열관리(상온에서 중온) 2차 열관리(중온에서 저온)
- 열관리를 이용하여 컬의 방향과 길이조절, 컬의 강약, 굵기 등을 조절할 수 있다.

▣ 드라이의 요소와 아이론의 요소에서의 차이점은 무엇일까요?

10 CHAPTER

블로우 드라이의 준비 및 유의사항

Blow Dry & Iron

Hair Workbook

H o w ?

1) 블로우 드라이의 준비

① 어깨보 착용(드라이보)

고객의 어깨에 어깨보를 착용해 고객의 맨살에 뜨거운 드라이 바람이 직접적으로 닿지 않게 하고, 머리카락이나 기타 이물질이 옷에 떨어지는 것을 방지해 준다.

② 모발에 물을 분무(샴푸)

모발에 골고루 분사될 수 있도록 하고, 분무 후에는 손으로 모발을 만져 보아 물기가 베어나지 않는 정도여야 한다. 샴푸 직 후 모발을 일차적으로 건조시켜야 할 때는 드라이기를 이용해 물기를 말리는 동작과 함께 헤어스타일을 손으로 조절해 가면서 모량과 모류 및 볼륨의 강약을 조절한다.

③ 블로킹 단계

고객의 얼굴 형태에 따른 헤어스타일을 구사하기 위해서는 모발의 흐름에 맞는 블로킹과 파팅을 나눈 후 시술한다.

④ 블로우 드라이

과도한 드라이의 열은 모발의 건조함, 모발의 갈라짐, 탄력이 없는 상태 등의 문제를 발생시키므로 오버 드라이 되지 않도록 주의하고, 모발에 윤기를 부여하기 위해서는 지속적으로 수분을 공급하거나 시술 전, 열 보호 헤어 에센스를 발라준다.

⑤ 마무리

드라이 시술이 끝났으면 고객에게 잘 어울리는지 확인하고, 스타일링 제품 등을 사용하여 헤어스타일을 마무리 한다. (에센스, 스프레이, 광택제)

MEMO

2) 블로우 드라이 시술 시 유의사항

① 모발의 형태를 체크한다.

② 모발에 때나 먼지, 기름기가 많은 모발, 린스나 트리트먼트제의 세척이 덜 된 모발은 샴푸 시술 후 들어간다.

③ 모발 자체의 수분은 10~15% 정도이나 샴푸 후에는 30%정도의 수분을 함유하고 있으므로 이 경우에는 먼저 타월 드라이를 해준 후 스타일링을 한다. 모근 – 모선방향

④ 고객과 상담을 하고 모발과 목적에 맞게 스타일을 결정한다.

⑤ 헤어 로션이나 열 차단 보호제를 발라준다.

⑥ 드라이의 열은 60도~90도 정도

⑦ 일반적인 섹션의 폭은 2~3cm 정도로 가로와 세로의 폭은 롤 브러시 폭보다 약간 작게 잡는다.

- 섹션은 정확해야 한다.

⑧ 롤 브러시의 회전과 동작의 속도에 따라 컬의 강, 약을 조절한다.

⑨ 모발이 브러시에 걸리면 드라이를 중지하고 브러시를 세로로 세워 손가락으로 가닥가닥 빼야 한다.

⑩ 한 곳에 드라이기가 계속 있으면, 모발의 손상의 원인이 된다.

11 CHAPTER

모션볼륨

Blow Dry & Iron
Hair Workbook
H o w ?

1) 두피 볼륨 각도

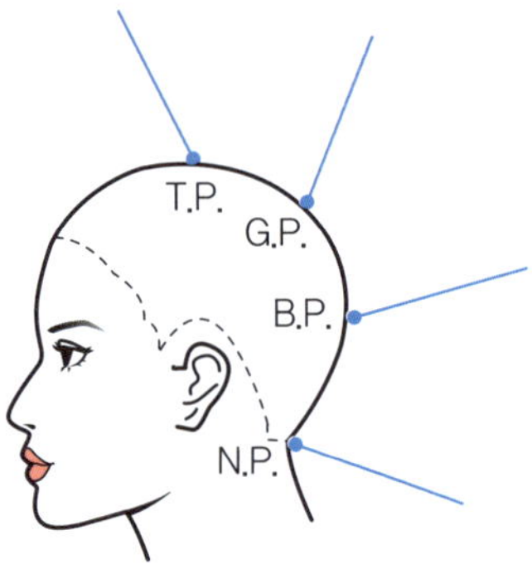

최고 볼륨 각

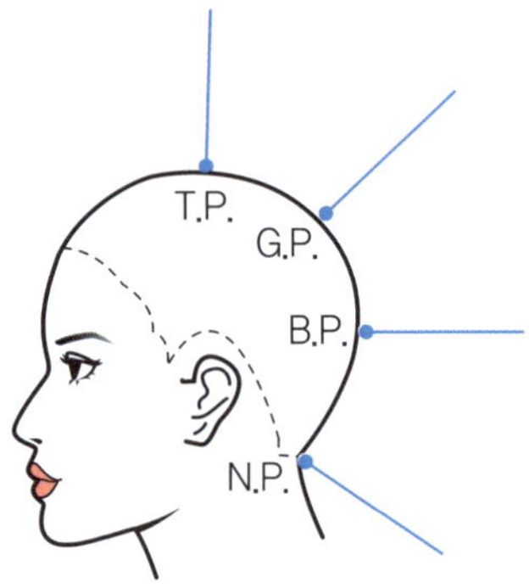

중간 볼륨 각도

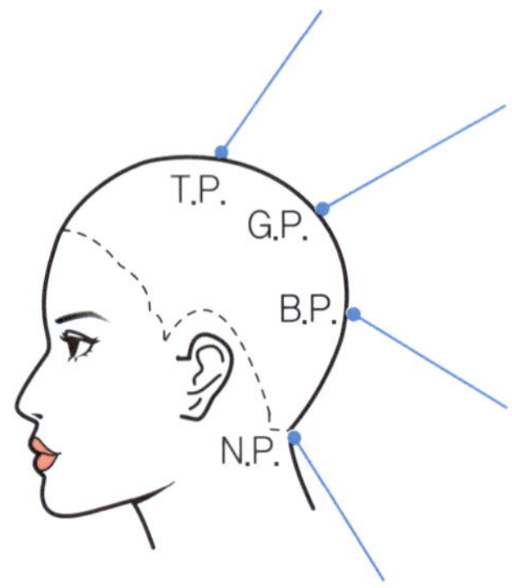

최저 볼륨 각도

- 두피 볼륨은 두상각도로 조절한다.
- 최고 볼륨 각도는 120~135도, 중간 볼륨 각도는 90도, 최저 볼륨 각도는 60~45도.
- 두피 볼륨은 모근에 힘을 주는 것이다.

2) 모선 볼륨의 이해

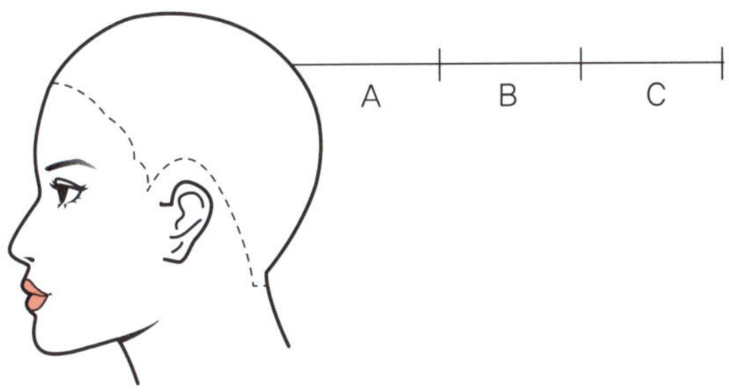

- 모선 볼륨은 두피 볼륨의 연결이다.
- 모선 볼륨은 두상각도에서 자연 각도 사이의 각도변화와 회전량에 이루어진다.
- 모선 볼륨은 약 10cm 정도로 나누어서 진행을 한다.
- 사진에서 A부분은 각도 변화량과 회전량이 제일 많고, B부분은 중간이며, C부분은 거의 변화가 없다.
- A, B, C부분의 각도 변화량과 회전량의 조절에 따라서 볼륨의 위치를 다르게 할 수도 있다.

  *모선 볼륨이란? 모발의 선에 볼륨을 주는 것이다.

3) 모선 볼륨의 실습

Check Point

① 4등분 블로킹

② 네이프 왼쪽부터 수평 섹션(약 2–3cm) 롤의 지름 만큼

③ 드라이기의 몸통을 잡고 시술

④ 블로우 드라이의 요소 6가지, 롤과 모발에 수직과 수평을 만든 후, 모근에서부터 1/3 120도, 중간부분 2/3 90도, 모발의 끝부분 45도

⑤ 수분이 마를 때 까지 같은 동작을 반복

⑥ 뒤쪽 네이프 왼쪽 – 뒤쪽 네이프 오른쪽 – 왼쪽 옆머리 –오른쪽 옆머리 순서대로 한다.

시술 사진 첨부하기

시술전	**시술과정**	**시술 후(완성사진)**

12 CHAPTER

블로우 드라이 실습

Blow Dry & Iron Hair Workbook

H o w ?

1) 모류 교정 및 드라이 볼륨

사람마다 각기 다른 모류가 있다.
특히 두정부의 가마 부분과 양 사이드의 귀 윗부분에 두드러져 나타나는데, 이것은 대부분 그 사람의 습관에 의해서 형성되거나 선천적인 것에 그 원인이 있다.
이러한 모류를 무시하고 스타일링에 들어가면 원하는 스타일의 디자인을 얻기 힘들다.

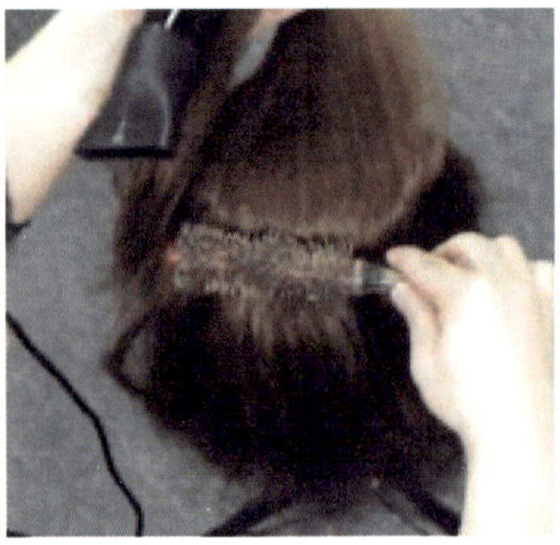

• 모류의 반대방향으로 드라이어의 열풍과 브러시의 물리적인 동작을 주면 된다.

항상 본격적인 블로우 드라이 스타일링에 들어가기에 앞서 먼저 모류를 정리하는 작업을 해야 한다.

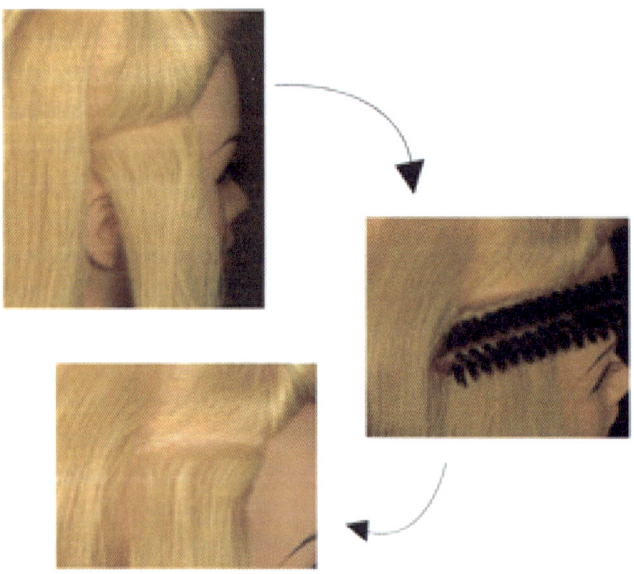

오른손 잡이 기준: 롤은 오른손, 드라이기는 왼손.

2) 블로우 드라이 C컬 인컬 실습

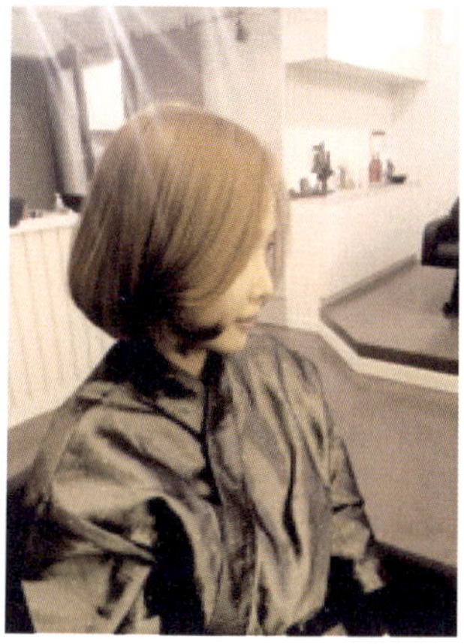 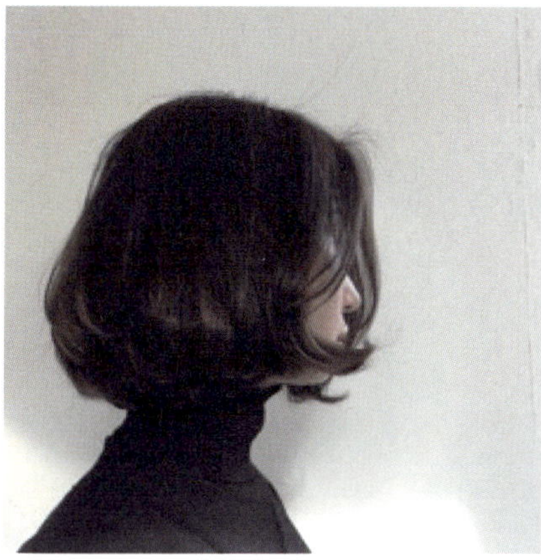 

사진출처: 비달사순 인컬

① 4등분 블로킹

② 네이프 왼쪽부터 수평 섹션(약 2-3cm) 롤의 지름 만큼

③ 드라이기의 몸통을 잡고 시술

④ 블로우 드라이의 요소 6가지, 롤과 모발에 수직과 수평을 만든 후, 모근에서부터 1/3 120도, 중간부분 2/3 90도, 모발의 끝부분 45도

- 모선볼륨과 같은 방식으로 진행하며 모발의 끝부분에서 수분이 조금 남아있을 때, 롤을 회전을 하여 1바퀴에 열, 1바퀴 반에 열
- 드라이기의 노즐 부분을 이용하여 텐션으로 롤에 모발을 감는다.

⑤ 수분이 마를 때까지 같은 동작을 반복

⑥ 뒤쪽 네이프 왼쪽 – 뒤쪽 네이프 오른쪽 – 왼쪽 옆머리 –오른쪽 옆머리 순서대로 한다.

시술 사진 첨부하기

시술 전	시술 과정	시술 후(완성사진)

MEMO

아쉬운 점 :

개선할 점 :

느낀 점 :

3) 블로우 드라이 C컬 아웃컬 실습

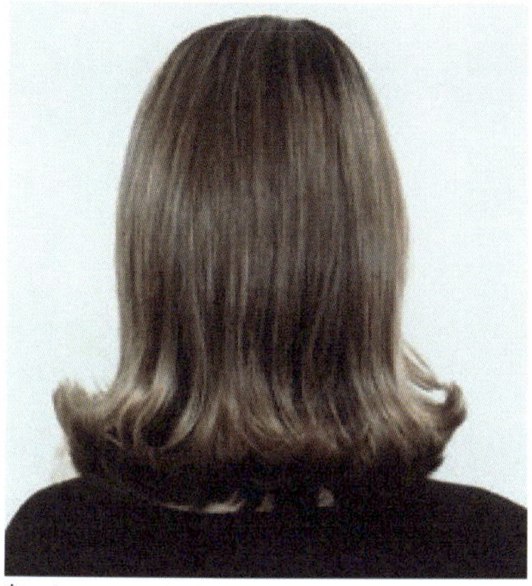

* 밖으로 뻗치는 머리 = 자갈치 머리

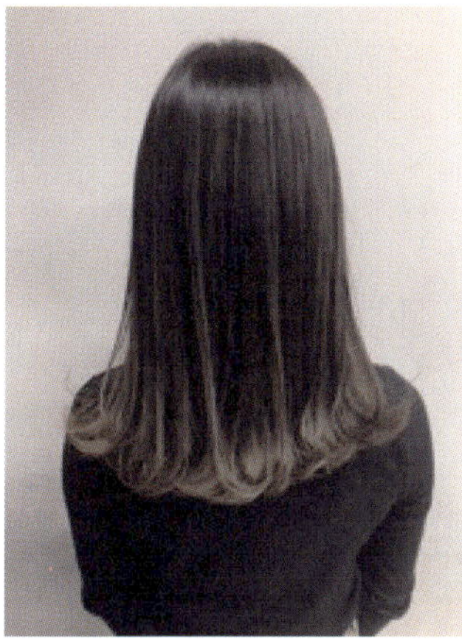

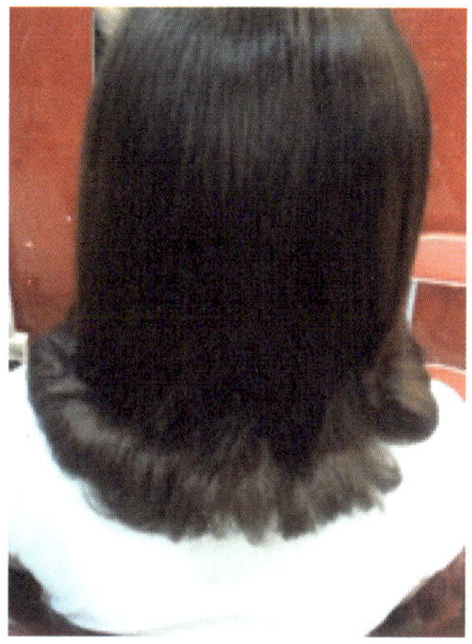

① 4등분 블로킹

② 네이프 왼쪽부터 수평 섹션(약 2-3cm) 롤의 지름 만큼

③ 블로우 드라이의 요소 6가지, 롤과 모발에 수직과 수평을 만든 후, 모근에서부터 1/3 120도, 중간부분 2/3 90도, 모발의 끝부분 45도

- 드라이기의 몸통을 잡고 시술하다가 모발의 끝부분에서 드라이기의 손잡이를 잡는다.
- 모발의 윗 부분에 롤을 감아서 모발의 끝 부분에 수분이 조금 남아 있을 때 롤을 회전하여 한 바퀴에 열을 주고, 한 바퀴 반 위치에 열처리를 한다.
- 롤을 감은 모발 위쪽으로 한손으로 받치며 롤을 아래에서 위로 천천히 뺀다.

④ 수분이 마를 때 까지 같은 동작을 반복

⑤ 뒤쪽 네이프 왼쪽 – 뒤쪽 네이프 오른쪽 – 왼쪽 옆머리 –오른쪽 옆머리 순서대로 한다.

시술 사진 첨부하기

시술 전	시술 과정	시술 후(완성사진)

MEMO

아쉬운 점 :

개선할 점 :

느낀 점 :

4) 블로우 드라이 S컬 실습

① 4등분 블로킹

② 네이프 왼쪽부터 수평 섹션(약 2-3cm) 롤의 지름 만큼

③ 블로우 드라이의 요소 6가지, 롤과 모발에 수직과 수평을 만든 후, 모근에서부터 1/3 120도, 중간부분 2/3 90도, 모발의 끝부분 45도

④ 수분이 마를 때 까지 같은 동작을 반복

⑤ 왼쪽머리: 롤의 방향이 ↙ 45도로 모발 끝부분에서 S컬 표현할 시점에서 아랫면이 롤을 감는다. 최소 2바퀴, 2바퀴 반 이상. *오른손이 위에서 아래로

오른쪽머리: 롤의 방향이 ↘ 45도로 모발 끝부분에서 S컬 표현할 시점에서 아랫면이 롤을 감는다. 최소 2바퀴, 2바퀴 반 이상. *오른손이 아래에서 위로

⑥ 롤의 각도 45도, 모발을 롤에 2바퀴, 2바퀴 반 이상 감은 후, 열 주고, 열 처리 후 롤을 뺄 때에 얼굴의 반대방향으로 감아서 롤을 뺀다.

⑦ 수분이 마를 때까지 같은 동작을 반복

⑧ 뒤쪽 네이프 왼쪽 – 뒤쪽 네이프 오른쪽 – 왼쪽 옆머리 –오른쪽 옆머리 순서대로 한다.

시술 사진 첨부하기

시술 전	시술 과정	시술 후(완성사진)

MEMO

아쉬운 점 :

개선할 점 :

느낀 점 :

MEMO

13 CHAPTER

아이론 볼륨의 이해

Blow Dry & Iron

Hair Workbook

H o w ?

1) 다이렉트 아이론 볼륨 실습

사진출처 – 예스뷰티(YESBEAUTY)

▣ 다이렉트 아이론은 판넬모양이 지그재그 모양으로 모발에 쿠션 역할을 해줄 수 있다.

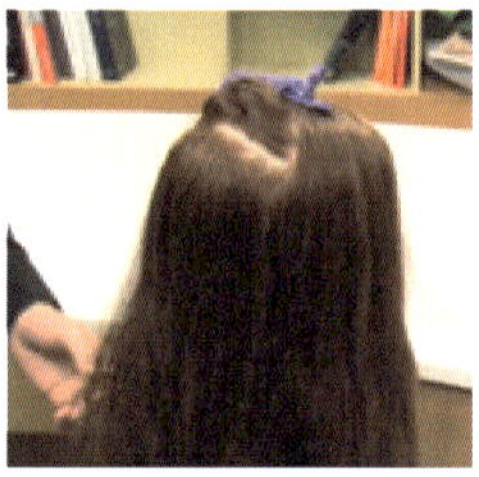
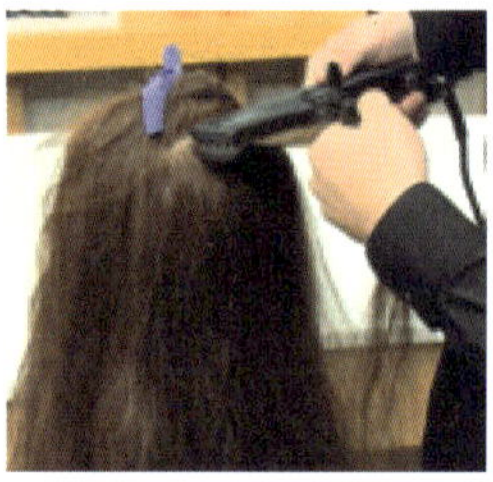
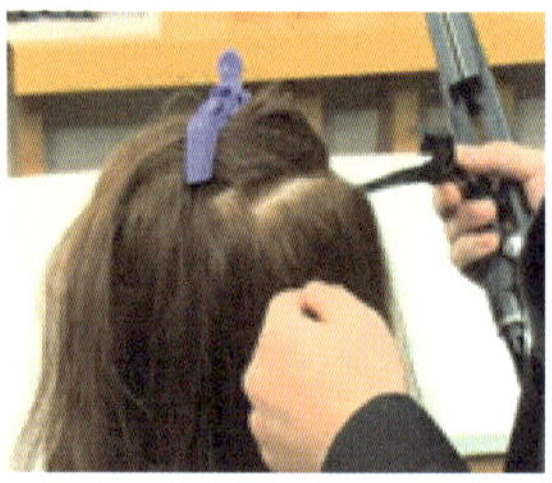
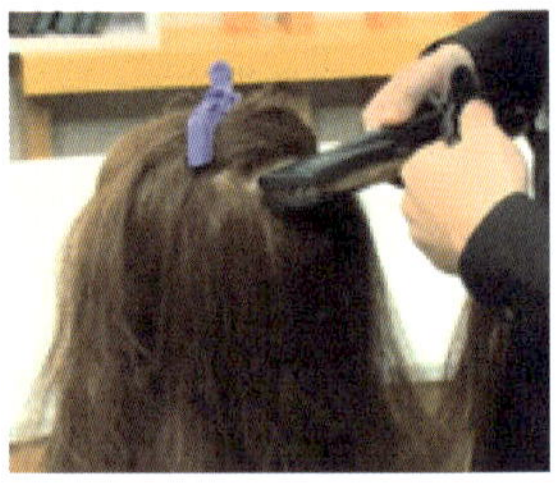

① 얼굴형에 따라 T.P, G.P, E.P에 다이렉트 아이론을 찍는다.
   - 보통 T.P, G.P에 주로 볼륨감을 살린다.

② 헤어 핀셋 2개를 이용하여 T.P의 겉단을 제외하고 위에서부터 아래로 진행한다.

③ 헤어 핀셋의 1개는 섹션을 나눠서 모발에 고정. 나머지 하나는 섹션을 나누는 용도

④ 볼륨을 살려야 할 부분에 섹션을 나눈 후 모근에서 최대한 가깝게 작업한다.
   - 아이론이 모발을 잡고 살짝 아래로 꺾어서 볼륨을 조금 더 준다.

⑤ 위에서 아래로 3단 정도하고 양 옆에 살짝 자연스럽게 연결하도록 한다.

⑥ 다이렉트 아이론 작업 후, 드라이기를 사용하여 롤 브러시로 릿지를 세우면서 다시 드라이를 한다.
   - 전체적으로 계란형의 형태로 만든다.

시술 사진 첨부하기

시술 전	시술 과정	시술 후(완성사진)

MEMO

아쉬운 점 :

개선할 점 :

느낀 점 :

2) 반원 아이론 볼륨 실습(볼륨 매직기)

사진출처 – 그리에이트(CREATE)

▣ 반원 아이론의 볼록한 부분을 가지고 볼륨을 만들 수 있다.

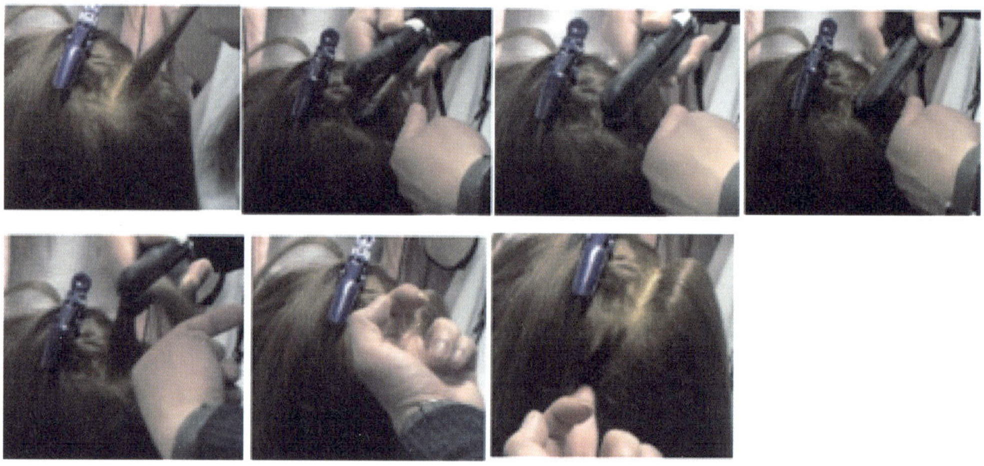

① 얼굴형에 따라 T.P, G.P, E.P에 다이렉트 아이론을 찍는다.

- 보통 T.P, G.P에 주로 볼륨감을 살린다.

② 헤어 핀셋 2개를 이용하여 T.P의 겉단을 제외하고 아래에서부터 위로 진행한다.

③ 헤어 핀셋의 1개는 섹션을 나눠서 모발에 고정. 나머지 하나는 섹션을 나누는 용도.

④ 볼륨을 살려야 할 부분에 섹션을 나눈 후 모근에서 최대한 가깝게 작업한다.

⑤ 볼록한 부분이 아래로 그 위에 모발을 펴서 텐션을 주면서 왼손으로 최대한 가깝게 모발을 잡는다.

⑥ 왼손은 아래로 잡아당기고 아이론을 잡은 오른손은 위에서 아랫방향으로 3번 정도 열을 준다.

- 주의할 점은 아이론이 모발의 결대로 위에서 아래로 진행해야 하면 아래에서 위로 진행하면 모발결이 엉키고 손상이 될 수 있다.

⑦ 3번째 열을 줄 때 오른손 아이론의 잡은 방향을 위로 각도는 120도로 향하며 모발을 빼주고 왼손의 검지를 이용하여 시술한 부분을 받쳐주며 자연스럽게 열처리를 해준다.

- 모근의 바로 위에부분을 작업을 하여 두피부분은 뜨겁지 않으며 모근의 부분은 아이론의 쿠션 역할을 해준 것이다.

⑤ 아래에서 위로 3단정도 하고 양 옆에 살짝 자연스럽게 연결하도록 한다.

⑥ 볼륨 아이론 작업 후, 드라이기를 사용하여 롤 브러쉬로 기본 동작 모선볼륨을 하면서 자국이 난 부분을 자연스럽게 연결해준다.

시술 사진 첨부하기

시술 전	시술 과정	시술 후(완성사진)

MEMO

아쉬운 점 :

개선할 점 :

느낀 점 :

14 CHAPTER

플랫 아이론 테크닉

Blow Dry & Iron

Hair Workbook

H o w ?

1) 플랫 아이론 C컬 인컬 실습

사진 출처 – 그리에이트

▣ 플랫 아이론과 반원 아이론으로 시술할 수 있다. – 시술 각도가 조금 다르다.

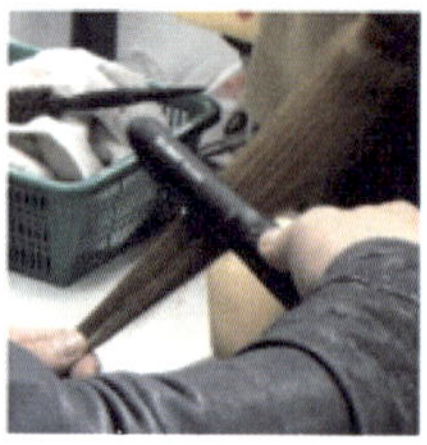
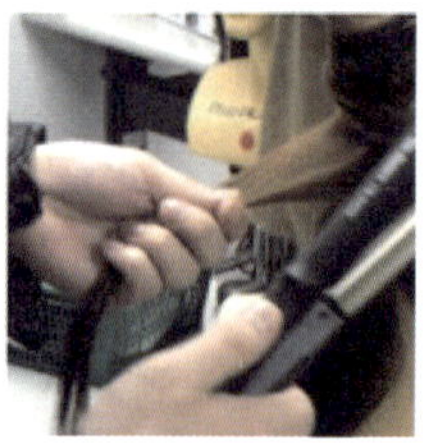
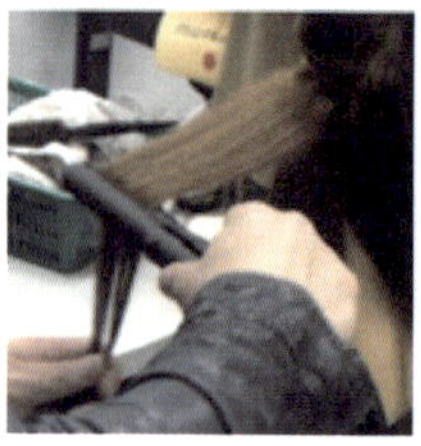
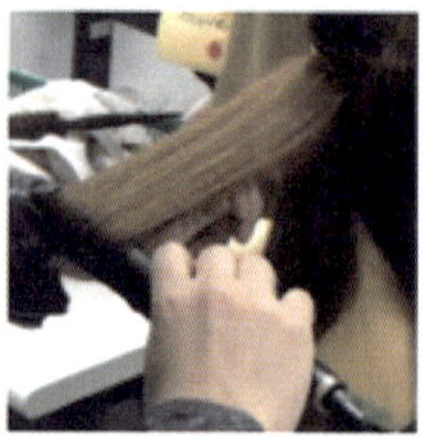
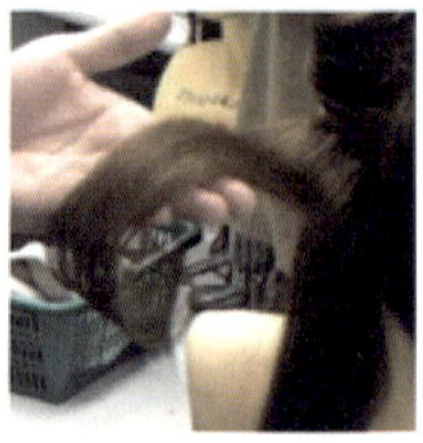

① 4등분 블로킹

② 네이프 왼쪽부터 수평 섹션(약 2–3cm) 롤의 지름 만큼 헤어 핀셋으로 섹션을 나눈다.

③ 전체적으로 한번 아이론으로 다림질을 하여 모발을 고루게 펴준다.

④ 왼손으로 잡은 시술 할 모발과 아이론이 수직과 수평을 만들고 자연각도에서 15도 정도 들어서 내려온다.

⑤ 인컬을 만들고자 할 부분에서 모발이 가장 꺾어져야 할 부분에 아이론을 아랫방향으로 각도를 만들며 아이론을 진행한다.

⑥ 아이론 속도 조절을 하는데 꺾어지는 부분에서는 조금 천천히 시술하여 열을 더 준다.

⑦ 아이론의 각도방향이 정해지면서 아이론을 잡은 오른손은 고정, 왼손으로 모발을 받쳐주며 진행하면 된다.

⑧ 모근의 모발의 양과 모발 끝의 모발의 양이 차이가 있기 때문에 속도조절을 맞추는 것이 가장 중요하다.

- 아이론은 계속 진행해야하며 멈추는 순간 자국이 생기며, 한 부분에 과한 열이 들어갈 때에는 원하는 컬이 안 생기며 모발이 휠 수 있다.

시술 사진 첨부하기

시술 전	시술 과정	시술 후(완성사진)

MEMO

아쉬운 점 :

개선할 점 :

느낀 점 :

2) 플랫 아이론 C컬 아웃컬 실습

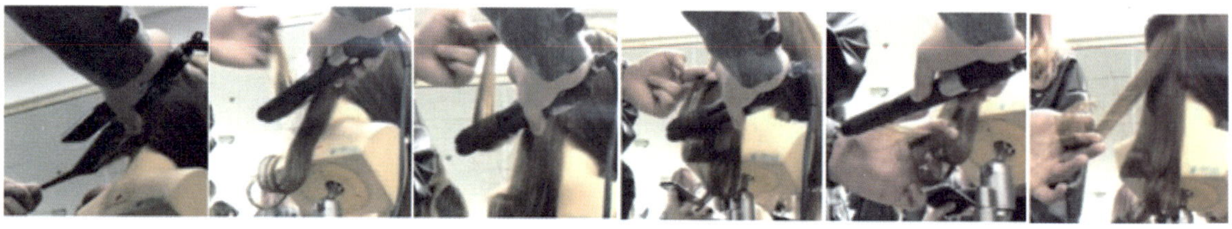

① 4등분 블로킹

② 네이프 왼쪽부터 수평 섹션(약 2–3cm) 롤의 지름 만큼 헤어 핀셋으로 섹션을 나눈다.

③ 전체적으로 한번 아이론으로 다림질을 하여 모발을 고루게 펴준다.

④ 인컬과 다르게 아이론을 잡은 손의 엄지가 아래를 향하게 하여 손목을 꺾어준다.

- 아이론의 아래부분이 위로 올라가게

⑤ 왼손으로는 모발 끝부분을 잡고 아이론을 잡은 오른손이 위에서 밑으로 내려오면서 왼손은 모발을 올린다.

⑥ 아이론이 수직과 수평으로 진행하면서 컬을 만들고자 하는 부분에서 각도를 설정하고 아이론의 진행 속도 조절을 해준다.

⑦ 각도가 형성되고 아이론이 꺾이는 순간 왼손의 검지와 중지를 이용하여 아이론이 꺾이는 부분의 윗부분을 잡아 열처리, 열관리를 해준다.

⑧ 왼손으로 잡고 열처리를 해줘야 모발이 뒤틀리는 형상을 방지할 수 있다.

⑨ 모발의 끝부분까지 속도조절을 하면서 원을 그리면서 모발을 빼주면 된다.

- 아웃컬에서는 가장 중요한 단이 헤어라인(가장 밑단)이다. 헤어라인 부분이 튼튼하고 형태가 잘 만들어져야 위에 단들을 지지해 준다.

시술 사진 첨부하기

시술전	시술과정	시술 후(완성사진)

MEMO

아쉬운 점 :

개선할 점 :

느낀 점 :

3) 플랫 아이론 인컬 아웃컬 섞어말기 실습

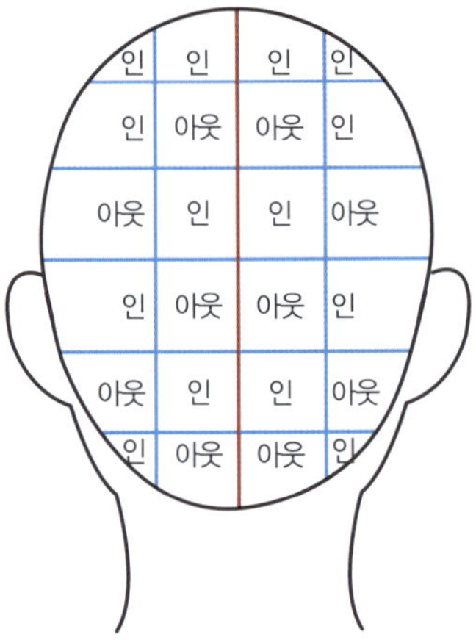

- 인컬 + 아웃컬을 섞어서 하는 이유?

  모발의 양을 풍성하게 보이게 하기 위해서 – 컬이 섞이면서 모발이 컬이 풍성해지는 효과가 있다.

  가는 모발에, 숱이 적은 모발에 주로 섞어말기를 한다.

① 4등분 블로킹
② 네이프 왼쪽부터 수평 섹션(약 2~3cm) 롤의 지름 만큼. 헤어 핀셋으로 섹션을 나눈다.
③ 전체적으로 한번 아이론으로 다림질을 하여 모발을 고루게 펴준다.
④ 네이프 왼쪽 끝에 모발부터 인컬과 아웃컬을 교차로 섞어준다.
⑤ 그 위에 단은 밑에 단과 다르게 교차로 섞어준다.
⑥ 왼쪽 뒷머리를 다 하고 오른쪽 네이프 끝부분으로 시작해서 교차로 섞어준다.
⑦ 맨 윗단은 겉머리로 모발이 뻗치는 것을 방지하기 인컬로 마무리를 해주면 된다.

- B.P 경우 두상 크기에 따라 섹션이 2~3개로 나눠질 수 있다.

시술 사진 첨부하기

시술 전	시술 과정	시술 후(완성사진)

MEMO

아쉬운 점 :

개선할 점 :

느낀 점 :

4) 플랫 아이론 물결 웨이브 실습

▣ 플랫 아이론과 반원 아이론으로 물결 웨이브를 표현한다.

① 4등분 블로킹을 하고 섹션은 나눈 후 하나의 섹션을 나눈 모발에 인컬과 아웃컬을 교차로 만들어 준다.

② 맨 밑단이 기본적으로 인컬로 들어가는 걸 생각하며 처음에 가볍게 방향만 잡아준다.

③ 인컬 위에 아웃컬, 그 위에 인컬, 또 그 위에 아웃컬을 반복하여 가볍게 자국을 만들고 컬의 시작점을 결정한 후에 만들면 된다. 아이론의 열이 있을 때 열처리, 열관리를 통해 물결의 간격을 조절할 수 있다.

④ 겉머리를 제외하고는 전부 속 머리이기 때문에 빠르게 방향만 잡아주면 된다.

⑤ 겉머리(맨 위에 머리)는 보여지는 머리로 아이론의 자국이 생기지 않게 조심해야 하며 텐션과 열처리로 인컬, 아웃컬을 교차로 잡아주면 된다.

⑥ 전체 머리를 섹션별로 다 하고 크게 전체를 잡아서 다시 위치를 설정하고 수정 · 보완한다.

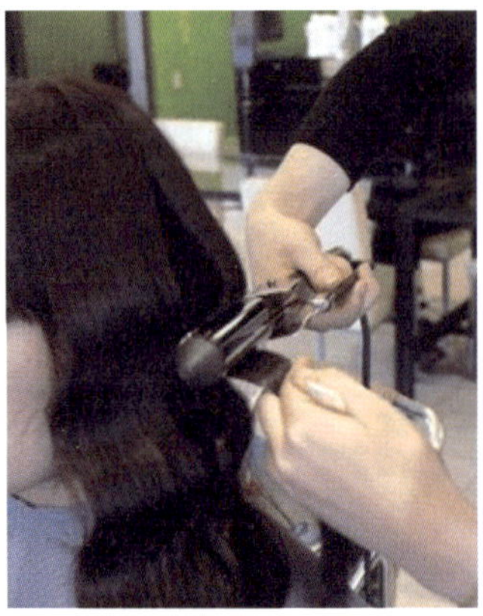

- 컬링 아이론을 이용하여 모발의 판넬에 서로 교차하여 물결 웨이브를 표현할 수 있다.
  - 양 손에 같은 굵기의 아이론으로 밑에서부터 위로 교차하며 올라가면서 컬을 만든다.

시술 사진 첨부하기

시술 전	**시술 과정**	**시술 후(완성사진)**

MEMO

아쉬운 점 :

개선할 점 :

느낀 점 :

5) 플랫 아이론 기본 S컬 실습

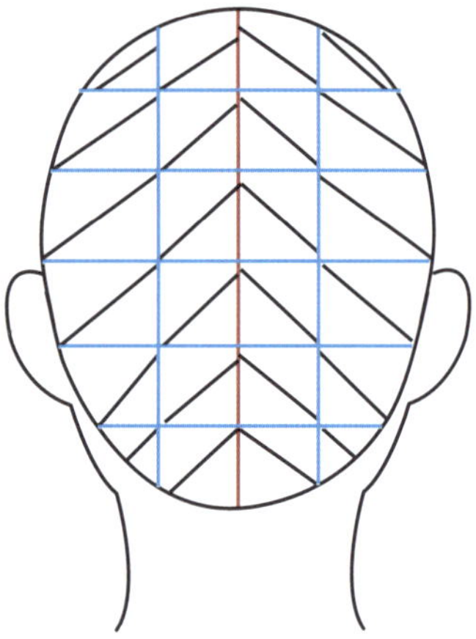

* ↙↖ 아이론의 방향

* 왼쪽 S컬 아이론의 방향

* 오른쪽 S컬 아이론의 방향

① 4등분 블로킹

② 네이프 왼쪽부터 수평 섹션(약 2~3cm) 롤의 지름 만큼 헤어 핀셋으로 섹션을 나눈다.

③ 전체적으로 한번 아이론으로 다림질을 하여 모발을 고루게 펴준다.

④ 왼쪽은 아이론이 45도로 ↙방향으로 잡아주고 플랫 아이론을 반 바퀴, 혹은 한 바퀴를 감아 천천히 진행한다.

⑤ 가장 중요한 부분 = 모발의 끝부분은 항상 아래로 가야 한다. 오른손으로 아이론을 잡고 손목을 이용하여 회전을 준다. 왼손으로는 모발의 끝부분을 잡고 아이론이 전체적으로 진행 될 때 까지 잡고 있는다. 꼬리부분이 열이 다 들어가는 것을 눈으로 확인 한다.

⑥ 모발을 뺄 때에 얼굴 뒤로 감아서 빼며 열이 남아 있을 때에 열처리, 열관리로 컬의 길이를 조절한다.

⑦ 오른쪽 머리는 아이론이 45도 ↖방향으로 잡아준다. (밑에서 위로)

- 모발의 꼬리는 항상 아래, 모발을 뺄 때는 얼굴의 뒤로

시술 사진 첨부하기

시술 전	시술 과정	시술 후(완성사진)

MEMO

아쉬운 점 :

개선할 점 :

느낀 점 :

6) 플랫 아이론 응용 S컬 실습

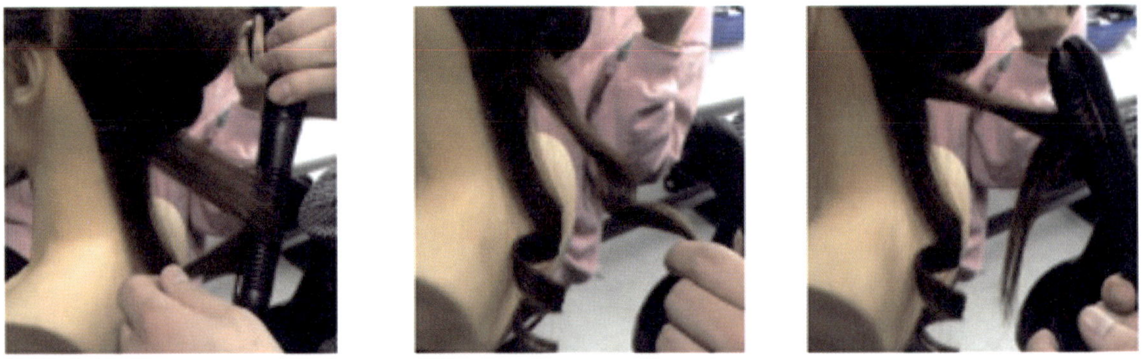

▣ 플랫 아이론과 반원 아이론으로 컬의 길이를 자유롭게 조절 할 수 있다.

▣ 전체적으로 자연스럽고 쳐져있는 형태

① 4등분 블로킹

② 네이프 왼쪽부터 수평 섹션(약 2-3cm) 롤의 지름 만큼. 헤어 핀셋으로 섹션을 나눈다.

③ 전체적으로 한번 아이론으로 다림질을 하여 모발을 고루게 펴준다.

④ 왼쪽은 아이론이 45도로 ↙방향으로 잡아주고 플랫 아이론으로 컬의 길이를 설정한 만큼 아이론을 진행 해준다.

⑤ 진행하다가 아이론을 빼면 모발이 뒤집어지는데 아이론의 방향이 ↖바뀌어 똑같이 컬의 길이를 설정한 만큼 진행하면 된다.

⑥ 항상 모발의 아랫면이 아이론의 아랫부분으로 시술을 해야 한다.

⑦ ↙방향에서 ↖방향으로 바뀔 때에 모발은 마름모 형태를 나타나며 그 때 살짝 튕기며 텐션을 주면 된다.

시술 사진 첨부하기

시술 전	시술 과정	시술 후(완성사진)

MEMO

아쉬운 점 :

개선할 점 :

느낀 점 :

15 CHAPTER

컬링(원형) 아이론 테크닉

Blow Dry & Iron

Hair Workbook

H o w ?

1) 컬링 아이론 기본 S컬 실습

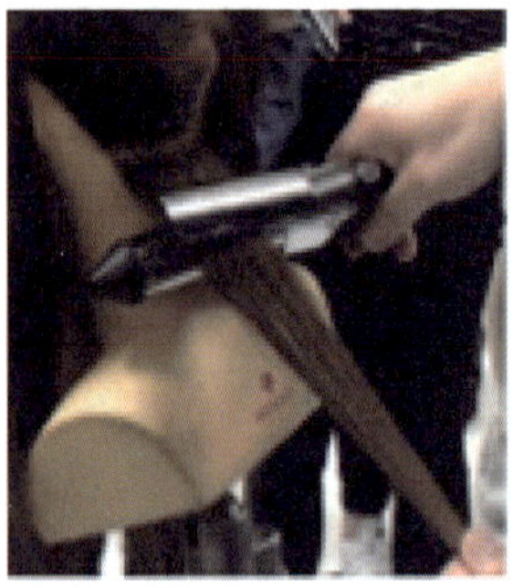
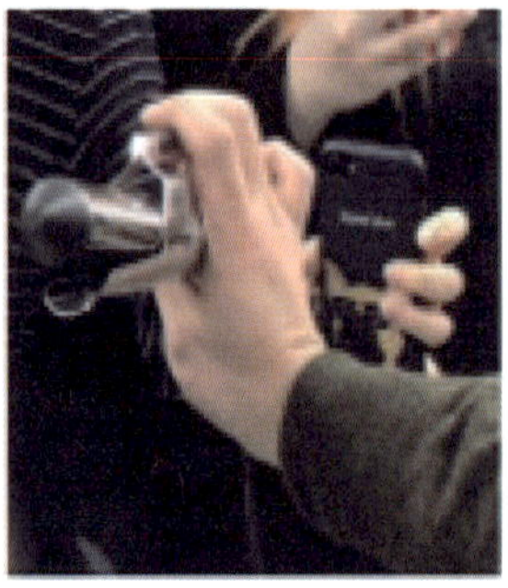
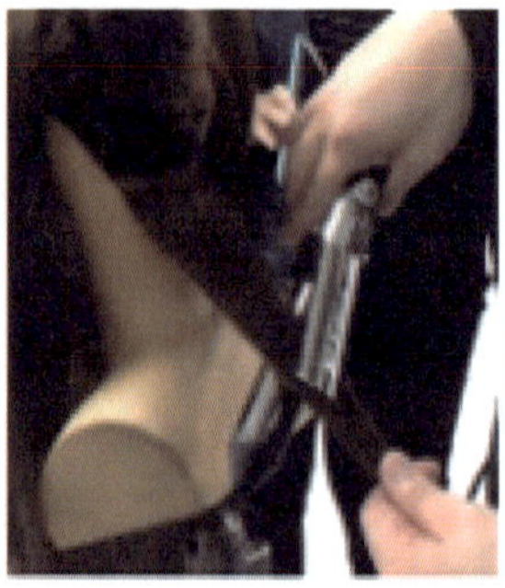
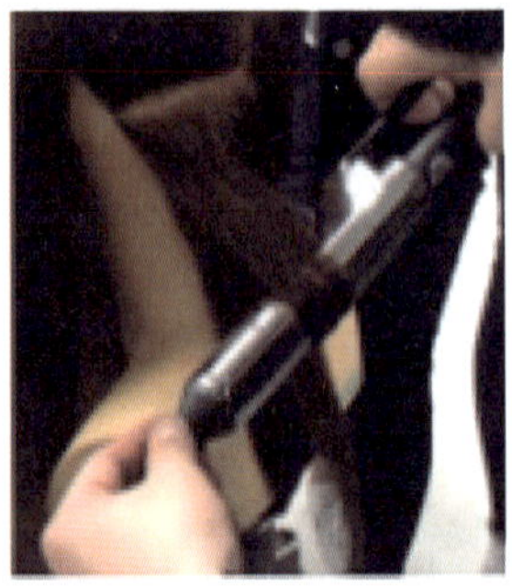
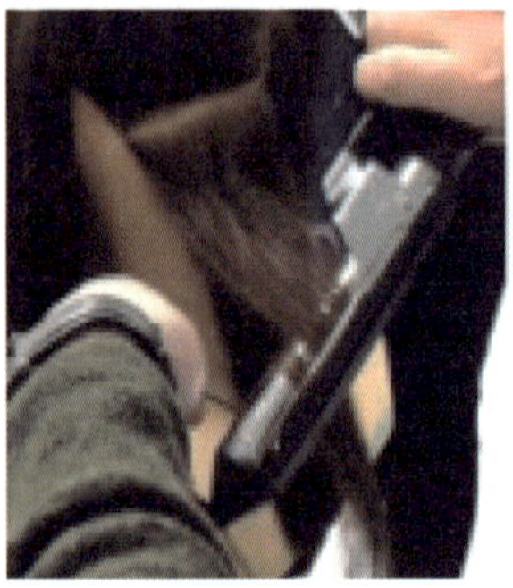
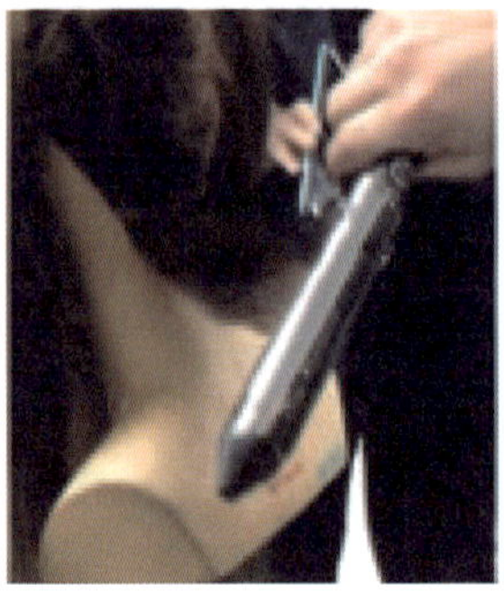
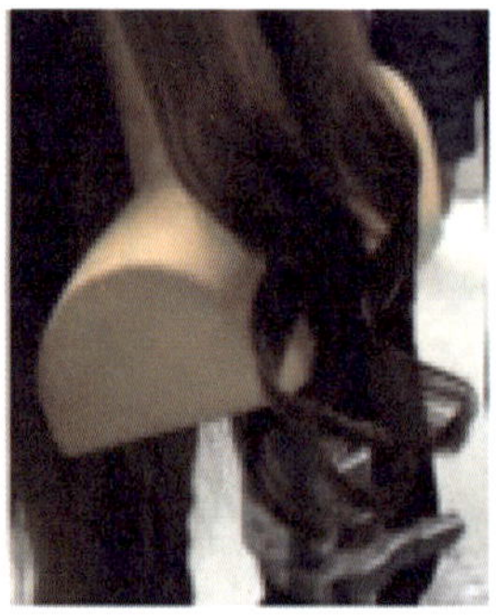

기본 왼쪽머리

① 4등분 블로킹

② 네이프 왼쪽부터 수평 섹션(약 2~3cm) 롤의 지름 만큼. 헤어 핀셋으로 섹션을 나눈다.

③ 전체적으로 한번 아이론으로 다림질을 하여 모발을 고르게 펴준다.

④ 다림질을 할 때에 손목을 밖으로 해서 모발에 그릴의 자국이 생기지 않게 주의한다.

④ 왼쪽은 아이론이 45도로 ↙방향으로 잡아주고 원형에 모발을 감아준다.

⑤ 아이론을 감을 때에 한바퀴 감고 아이론을 닫고 다시 한바퀴를 감고 아이론을 닫는다.

• 설정한 길이에 아이론이 움직이는 것을 방지할 수 있다.

⑥ 아이론이 감았는데 남은 부분은 왼손으로는 엄지와 검지를 이용하여 모발의 꼬리부분을 잡고 중지부분을 이용하여 아이론 지지대에 받쳐주며 오른손으로 아이론을 돌려서 모발을 끝까지 감싼다.

⑦ 아이론을 감을 때에 그릴을 닫고 감으면 아이론이 올라가기 때문에 그릴을 살짝 열어두고 천천히 오른손을 돌려서 모발 끝까지 감아준다.

⑧ 전체적으로 뜸을 준 후에 아이론을 빼주며 열이 남아있을 때에 열처리를 하여 길이를 조절한다.

⑨ 컬을 뺄 때 플랫아이론으로 S컬 만드는 것과 동일하게 얼굴 뒤로 빼준다.

기본 첫 번째 방법 오른쪽머리

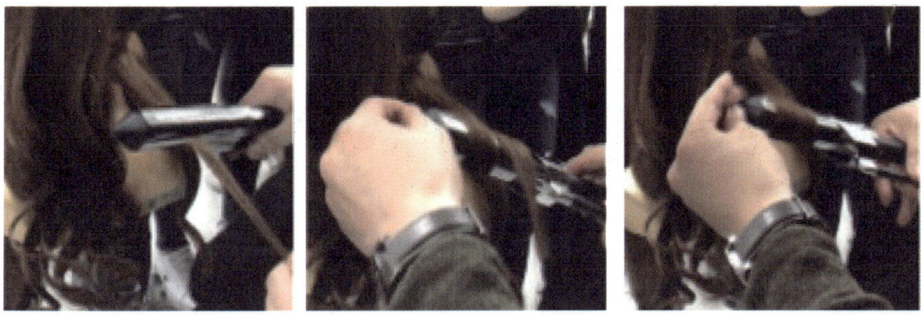

① 아이론의 방향이 ↖ 45도 밑에서 위로 가며, 섹션을 나눈 모발의 아랫면을 아이론으로 감아준다.

* 모발의 끝부분이 항상 아래

② 나사를 쪼이듯이 아이론을 감아주는데 살짝 열어서 아이론이 올라가지 않게 한다.

- 자기 자리에서 감아야 하며 모발의 꼬리 끝부분까지 감을 수 있다.

③ 열 체크를 하며 뜸을 들이고 밑으로 아이론을 빼면서 컬은 얼굴 뒤로 감아준다.

기본 두 번째 방법 오른쪽머리

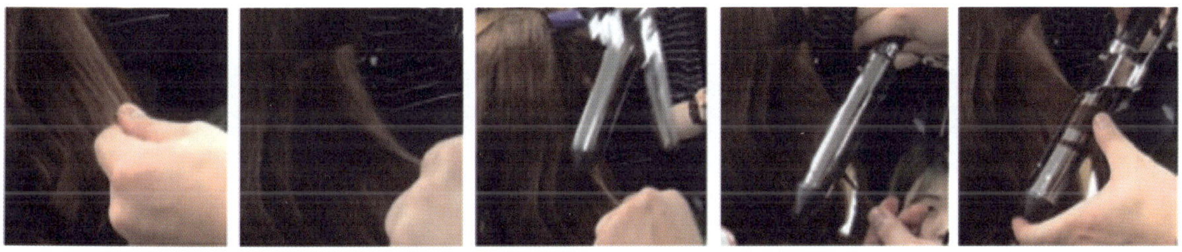

① 섹션을 나눈 모발을 왼손 엄지로 잡고 모발을 오른쪽으로 반을 접고 아이론은 ↘방향으로 꺾어 들어간다.

- 항상 아이론은 모발의 아랫면에 들어가야 한다.

② 아이론의 각도를 ↘에서 ↙방향으로 돌아와서 왼쪽머리 마는 것처럼 진행하면 된다.

기본 세 번째 방법 오른쪽머리

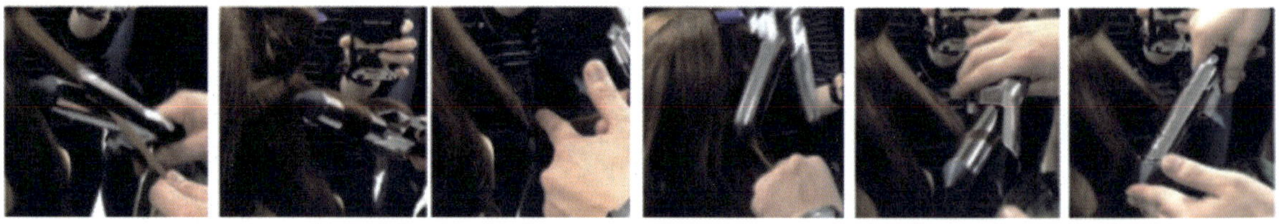

① 첫 번째 방법으로 아이론의 방향이 ↖ 45도 밑에서 위로 가며, 섹션을 나눈 모발의 아랫면을 아이론으로 감아준다.

② 한바퀴만 감아서 아이론을 빼 주면 모발이 뒤집어 지는데 뒤집어진 모발위에 아이론의 그릴이 밑으로 가고 원형이 위로 가게하여 모발의 아랫면에 아이론이 감을 수 있게 만든다.

③ 왼쪽 머리처럼 아이론의 방향이↙하여 모발을 감아주면 된다.

- 첫 번째 방법은 짧은 모발이나 헤어라인 부분에 주로 사용한다.
- 보통 두 번째 방법으로 많이 사용하지만 모발의 시작점에 자국이 생기기 때문에 겉단은 세 번째 방법으로 진행한다.

시술 사진 첨부하기

시술 전	**시술 과정**	**시술 후(완성사진)**

시술 사진 첨부하기

시술 전	시술 과정	시술 후(완성사진)

MEMO

아쉬운 점 :

개선할 점 :

느낀 점 :

2) 컬링 아이론 기본 S컬 섞어말기 실습

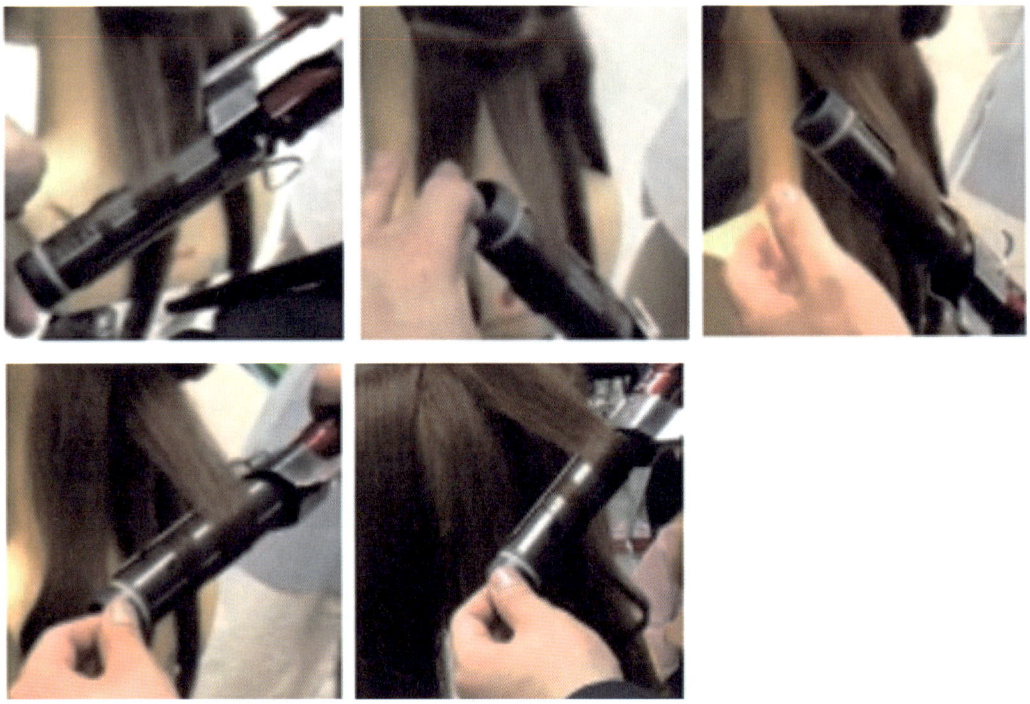

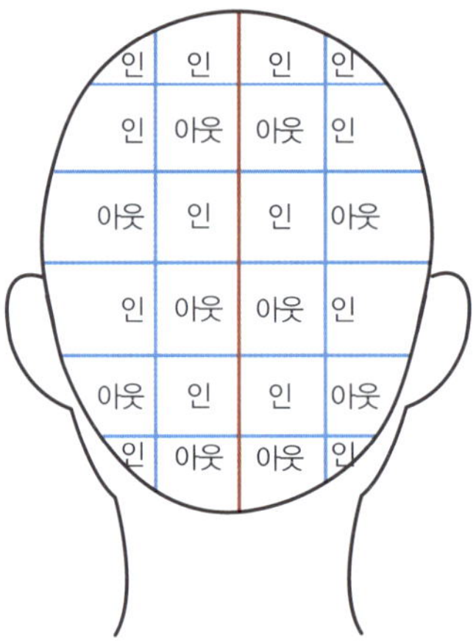

▣ 섞어말기 방법은 동일하다.

▣ 모발의 양이 적을 경우는 섹션을 크게 나눠도 상관없다.
단, 양 옆의 모발이 서로 교차하여 섞어져야 한다.

① 웨이브 인컬은 자기 방향에서 웨이브를 마는 방향

② 웨이브 아웃컬은 반대 방향에서 웨이브를 마는 방향

③ 4등분 후, 수직과 수평으로 섹션을 나누고 45도 방향으로 컬링 왼쪽 N.P부터 시작한다.

④ 웨이브 S컬 왼쪽 마는 방법과 오른쪽 마는 방법을 서로 교차해서 같은 위치에 말아준다.

⑤ 맨 위의 겉단은 자기방향으로 웨이브를 말아준다.

시술 사진 첨부하기

시술 전	시술 과정	시술 후(완성사진)

MEMO

아쉬운 점 :

개선할 점 :

느낀 점 :

3) 컬링 아이론 응용 S컬 실습

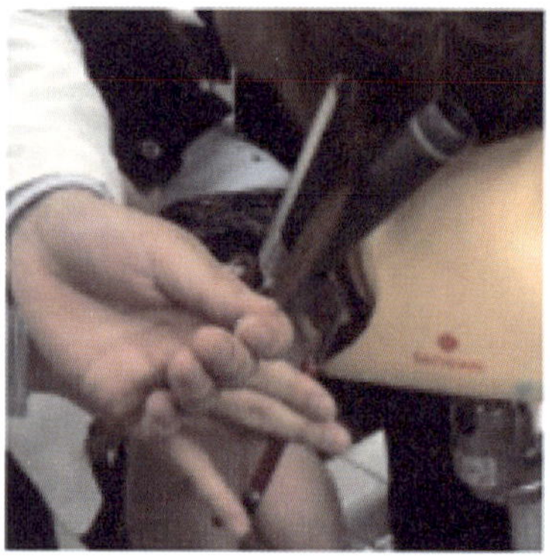
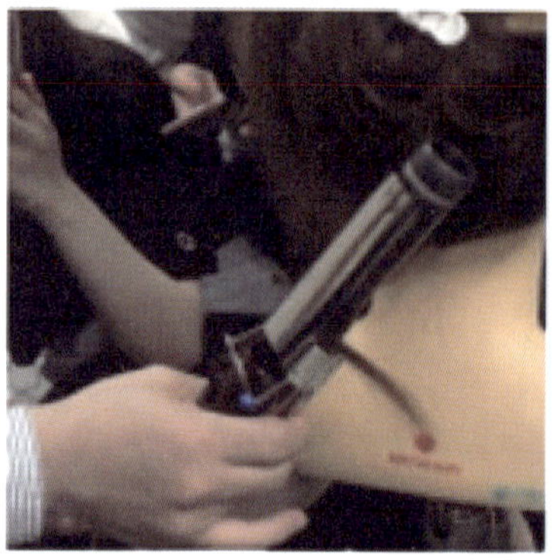
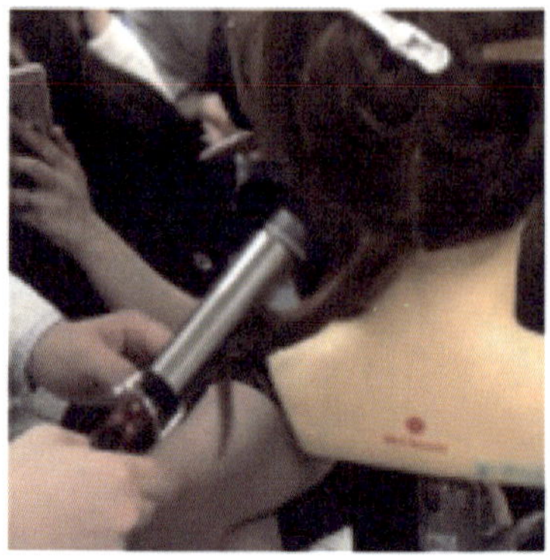
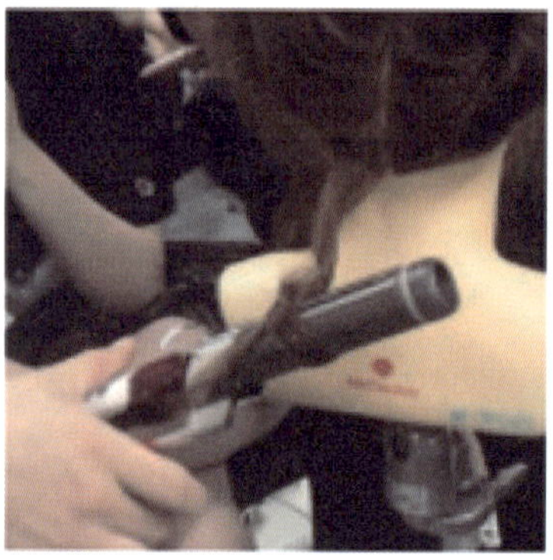
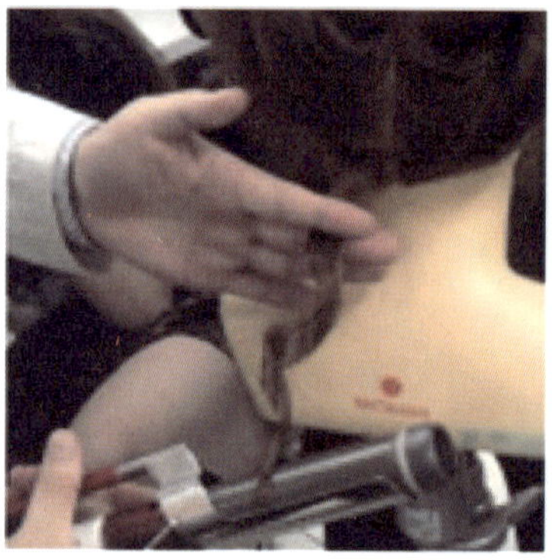

▣ 아이론의 방향은 항상 같다.

↙ = ↗ , ↘ = ↖ 손의 위치만 달라질 뿐 항상 왼쪽은 ↙, ↗ 오른쪽은 ↘, ↖

① 왼쪽 네이프 시작점 – 밑에서 아이론이 들어간다.

② 아이론의 방향은 ↗으로 모발의 아랫면이 아이론을 감고 꼬리는 아래를 향하게 한다.

③ 그립을 닫고 설정한 컬의 굵기, 길이만큼 조금 잡아당기며 텐션을 준다.

④ 아이론은 밑에서 위로 감으면서 한 바퀴 빼준다.

⑤ 뺄 때에 모발이 뒤집어 지면서 컬이 생긴다.

⑥ 그리고 다시 아이론을 감아 모발을 감아준다.

⑦ 모발에 열이 남아 있는 상태에서 아이론을 잡아 빼주기 때문에 컬이 처지는 형태가 나온다.

⑧ 왼손으로는 모발의 위를 잡고 아이론을 잡은 오른손으로 텐션과 간격을 유지하면서 진행한다.

⑨ 오른쪽은 아이론의 방향이 ↖으로 시작을 하면 된다.

- 모발의 아랫면이 아이론에 닿아야 하며 모발의 끝은 항상 아래

시술 사진 첨부하기

시술 전	시술 과정	시술 후(완성사진)

MEMO

아쉬운 점 :

개선할 점 :

느낀 점 :

| 참고문헌 |

- 「C.C.C헤어드라이 국제헤어디자인 연구회」 (청구문화사)
- 「BLOW DRY and IRON」 정년구 외 13 (청구문화사)
- 「미용학개론」 김성남 외 7 (고문사)
- 「헤어 드라이 아이론 이론과 실제」 정희영 (훈민사)
- 「기본 드라이 정석」 김세욱, 조민 외 2 (구민사)
- 「샴푸에 관한 모든 것」 서원숙 (메디시언)
- 「샴푸&드라이 실전 워크북」 김미정, 홍정아 (구민사)
- 「블로우드라이 & 아이론 헤어스타일링(최신 NCS기반)」 최은정, 신미주 외 3명 (광문각)
- 「미용실 이미지의 시각적 분석을 통한 브랜드 디자인 연구」 (박사학위논문)
- 서경대학교 대학원 김슬기